普通高等教育"十三五"规划教材

大学本科数学类专业基础课程系列丛书

一元微积分基础理论
深化与比较

吴从炘 任雪昆 著

科学出版社

北 京

内 容 简 介

本书简明地阐述了一元微积分最重要的基本概念、基本理论和基本方法，并结合"实变函数"等后续课程与"高等代数"等相关课程对一元微积分的理解和掌握进行了"深化"．书中除介绍国内外其他学者的研究成果外，每一章都包含了作者的教学研究或科学研究成果．

本书共 10 章，主要内容包括实数基本定理与距离结构，实数基本定理与序结构，函数的半连续性、一致连续性与等度连续性，单调函数及其线性扩张，导数的概念、性质与微分中值定理，微分中值定理的应用与对称导数，黎曼积分与黎曼型积分，牛顿-莱布尼茨定理及应用，凸函数类，微积分的一个几何应用——法向等距线．

本书可供高等学校数学系本科生、研究生、教师和数学工作者及有关工程科技人员阅读参考．

图书在版编目(CIP)数据

一元微积分基础理论深化与比较/吴从炘，任雪昆著. —北京：科学出版社，2018

大学本科数学类专业基础课程系列丛书

普通高等教育"十三五"规划教材

ISBN 978-7-03-057499-2

I. ①一… Ⅱ. ①吴… ②任… Ⅲ. ①微积分-高等学校-教材

Ⅳ.① O172

中国版本图书馆 CIP 数据核字(2018) 第 107911 号

责任编辑：胡海霞 张中兴 / 责任校对：张凤琴
责任印制：吴兆东 / 封面设计：迷底书装

科学出版社 出版
北京东黄城根北街 16 号
邮政编码：100717
http://www.sciencep.com

北京虎彩文化传播有限公司 印刷
科学出版社发行 各地新华书店经销
*
2018 年 6 月第 一 版 开本：787×1092 1/16
2019 年 6 月第三次印刷 印张：9 3/8
字数：213 000
定价：49.00 元
(如有印装质量问题，我社负责调换)

前　　言

众所周知, 一元微积分对于数学类乃至文科类专业的本科生来讲, 是极其重要的, 甚至可以说有举足轻重的作用. 国内外不少知名数学家、数学教育家对此十分关心和重视.

1976 年, 著名数学家、Wolf 奖得主 P. D. Lax 等 3 人在 Springer 出版的 *Calculus with Applications and Computing* (Volume 1), 极具特色, 并于 1980 年出版了中译本. 本书中的导数概念, 不是通常的函数在一点处的导数, 而是导函数, 并且是在某种意义下的一致可导性.

1994 年, 笔者应李秉彝教授之邀访问新加坡大学, 研讨 Henstock 积分时曾听过李先生的一元微积分课, 所用教材只有 76 页. 李先生曾担任两届国际数学教育委员会副主席, 并且为了更好地致力于数学教育工作的开展, 他本人还正式调到新加坡教育学院. 本书中也涉及了李先生在一元微积分方面的几点工作.

1996 年 6 月, 林群院士受聘为河北大学特聘教授和教学改革研究中心主任. 林先生选择文科类专业本科生着手开展教改工作, 既要阐明文科专业同样需要高等数学, 需要微积分, 又要让数学基础相对较弱的文科生能够直观形象地懂得微积分. 林群先生在光明日报 1997 年 6 月 27 日和人民日报 1997 年 8 月 6 日曾发表《数学也能看图识字》, 在国内率先提出微积分教学改革的创新之路. 经过河北大学文科各学院四个学期的试讲和五次较大修改, 笔者于 2002 年 6 月应邀协助林先生完成他在河北大学这部分教改成果的定稿, 2002 年 12 月河北大学出版社出版林群主编的《大学文科数学》. 随后林群院士继续在微积分教改的各种层面上不断推进、扩展, 发表了大量创新性著述.

笔者深深地意识到要讲好"一元微积分", 教师必须对它有更深层次的理解, 也就是应该能够做到以下 5 点:

1. 把握一元微积分最重要的 "基本概念""基本理论" 和 "基本方法", 简称 "三基";

2. 将 "三基" 与纵向后继课, 如 "实变函数""泛函分析" 等相结合并深化之;

3. 将 "三基" 与横向的 "高等代数""空间解析几何" 等相结合;

4. 体现一元微积分仍存在可以被发现、可以被解决的理论上与实际中的问题;

5. 在实现上述 4 点过程中尽力采取 "探索、发现" 而非 "单纯演绎" 的方式.

因此, 有必要写本关于一元微积分深化的书供大家参考. 为了更便于读者阅读, 要把书写成小册子, 这样一来, 深化只能是引论式的. 于是, 笔者和任雪昆 2011 年出版了只有 150 页的《一元微积分深化引论》.

本书力求在同样是一本小册子的前提下, 将针对一元微积分基础理论的林群微积分、Lax 微积分和李秉彝微积分, 放到我们 2011 年出版的书的 "深化" 框架中进行 "引论式" 的介绍与比较.

林群院士始终关心本书的写作, 并得到他的诸多支持、帮助和赐教, 谨致最诚挚的谢意和敬意! 同时, 衷心感谢科学出版社编辑胡海霞、张中兴和哈尔滨工业大学数学系领导薛小平、吴勃英等以及西南大学郭聿琦教授, 没有他们的支持和帮助, 本书也难以问世.

由于作者的学识、水平、能力所限, 书中不当之处在所难免, 还望读者批评指正.

吴从炘

2017 年 2 月 4 日

目　　录

第1章　实数基本定理与距离结构

1.1　数列极限与实数基本定理 1

定义 1.1　设 $\mathbb{R}$ 为所有实数的集合, $\mathbb{N}$ 为所有正整数的集合, $\{a_n\} \subset \mathbb{R}$, $a \in \mathbb{R}$. 我们称 a 为 $\{a_n\}$ 的极限, 记作 $\lim\limits_{n \to \infty} a_n = a$ (或 $a_n \to a$, 当 $n \to \infty$) 是指: $\forall \varepsilon > 0$, $\exists N \in \mathbb{N}$, 使得当 $n \geqslant N$ 时有

$$|a_n - a| < \varepsilon.$$

由任意的通常一元函数微积分教程 (以下简称 "教程") 有如下命题中的 (1)~(3):

命题 1.1　设 $\lim\limits_{n \to \infty} a_n = a$, $\lim\limits_{n \to \infty} b_n = b$, 则有

(1) $\lim\limits_{n \to \infty} (a_n \pm b_n) = \lim\limits_{n \to \infty} a_n \pm \lim\limits_{n \to \infty} b_n \ (= a \pm b)$;

(2) $\lim\limits_{n \to \infty} a_n \cdot b_n = \lim\limits_{n \to \infty} a_n \cdot \lim\limits_{n \to \infty} b_n \ (= a \cdot b)$;

(3) 当 $b \neq 0$ 时, $\lim\limits_{n \to \infty} \dfrac{a_n}{b_n} = \dfrac{\lim\limits_{n \to \infty} a_n}{\lim\limits_{n \to \infty} b_n} \ \left(= \dfrac{a}{b} \right)$;

(4) 设 $\lim\limits_{n \to \infty} a_n = a$, 且 $a_n > 0$, $a > 0$ $(n = 1, 2, \cdots)$, 则有

$$\lim\limits_{n \to \infty} \sqrt{a_n} = \sqrt{a} \quad \left(= \sqrt{\lim\limits_{n \to \infty} a_n} \right).$$

证明　只证 (4). $\forall \varepsilon > 0$, 注意到

$$|\sqrt{a_n} - \sqrt{a}| = \frac{|(\sqrt{a_n} - \sqrt{a})(\sqrt{a_n} + \sqrt{a})|}{|\sqrt{a_n} + \sqrt{a}|} = \frac{|a_n - a|}{\sqrt{a_n} + \sqrt{a}} < \frac{|a_n - a|}{\sqrt{a}},$$

便知欲使 $|\sqrt{a_n} - \sqrt{a}| < \varepsilon$, 只需 $|a_n - a| < \sqrt{a}\varepsilon$. 于是对 $\sqrt{a}\varepsilon > 0$, 利用 $\lim\limits_{n \to \infty} a_n = a$ 的定义即知, $\exists N \in \mathbb{N}$, 使得当 $n \geqslant N$ 时, 有 $|a_n - a| < \sqrt{a}\varepsilon$, 从而 $|\sqrt{a_n} - \sqrt{a}| < \varepsilon$, 亦即有 $\lim\limits_{n \to \infty} \sqrt{a_n} = \sqrt{a}$.

实数基本定理 1　下列命题等价:

(1) 区间套定理, 即若

$$[a_1, b_1] \supset [a_2, b_2] \supset \cdots \supset [a_n, b_n] \supset \cdots, \quad \lim\limits_{n \to \infty} (b_n - a_n) = 0,$$

则有 $a \in \mathbb{R}$, 使得 a 为所有闭区间 $[a_n, b_n]$ 的唯一公共点, 亦即有 $\bigcap\limits_{n=1}^{\infty} [a_n, b_n] = \{a\}$, 其中 $\{a\}$ 表示仅含单个点 a 的集合, $\bigcap\limits_{n=1}^{\infty} [a_n, b_n]$ 表示所有闭区间 $[a_n, b_n]$ 的交集 (这里的 "$\bigcap$" 表示 "集

合的交"$\Big)$;

(2) 柯西 (Cauchy) 收敛准则, 即若 $\{a_n\}$ 为柯西列 (也称基本列), 指的是: $\forall \varepsilon > 0$, $\exists N \in \mathbb{N}$, 使得当 $m, n \geqslant N$ 时, 有

$$|a_m - a_n| < \varepsilon,$$

则有 $a \in \mathbb{R}$, 使得 $\lim\limits_{n \to \infty} a_n = a$.

证明 可自行查阅 "教程" 或尝试自证之.

注 1.1 虽然实数基本定理 1 中的 (1), (2) 相互等价, 但当各自的条件不满足时, 相应的结论可以不成立:

今考察上述命题 (1) 的结论. 对于非闭的区间套

$$(0, 1] \supset \left(0, \frac{1}{2}\right] \supset \cdots \supset \left(0, \frac{1}{n}\right] \supset \cdots,$$

虽满足 $\frac{1}{n} - 0 \to 0$ 当 $n \to \infty$, 但却有 $\bigcap\limits_{n=1}^{\infty} \left(0, \frac{1}{n}\right] = \varnothing$ (表示空集). 又对闭区间套

$$[0, 2] \supset \left[0, 1 + \frac{1}{2}\right] \supset \cdots \supset \left[0, 1 + \frac{1}{n}\right] \supset \cdots,$$

由于不满足 $\left(1 + \frac{1}{n}\right) - 0 \to 0$ 当 $n \to \infty$, 而出现 $\bigcap\limits_{n=1}^{\infty} \left[0, 1 + \frac{1}{n}\right] = [0, 1]$, 并不是单个点的集合的情形.

至于其他更为简单的情况的例子, 从略.

下面利用实数基本定理 1 计算某些数列的极限.

例 1.1 设 $x_1 \geqslant 1$, $x_{n+1} = 1 + \frac{1}{1 + x_n}$ $(n = 1, 2, \cdots)$, 求 $\lim\limits_{n \to \infty} x_n$.

解 注意对于这种用递推公式表示的数列, 只要它的极限存在, 就可以通过对递推公式两边取极限的方法求得该数列的极限. 至于其极限的存在性, 则可以利用实数基本定理 1 得到证明. 因此, 如果可以证明该数列是柯西列, 那么利用实数基本定理 1 的 (2) 即有 $\lim\limits_{n \to \infty} x_n = A$ 存在. 于是通过两边取极限并借助命题 1.1 可得

$$A = \lim_{n \to \infty} x_{n+1} = \lim_{n \to \infty} \left(1 + \frac{1}{1 + x_n}\right) = 1 + \frac{1}{1 + \lim\limits_{n \to \infty} x_n} = 1 + \frac{1}{1 + A},$$

即 $A^2 - 2 = 0$. 舍去 $A = -\sqrt{2}$, 便知 $\lim\limits_{n \to \infty} x_n = A = \sqrt{2}$.

现在来证明 $\{x_n\}$ 为柯西列: 因为由假设 $x_1 \geqslant 1$, 易知

$$|x_{n+1} - x_n| = \left|\left(1 + \frac{1}{1 + x_n}\right) - \left(1 + \frac{1}{1 + x_{n-1}}\right)\right| = \frac{|x_n - x_{n-1}|}{(1 + x_n)(1 + x_{n-1})}$$

$$< \frac{|x_n - x_{n-1}|}{4} < \cdots < \frac{|x_2 - x_1|}{4^{n-1}} \quad (n = 2, 3, \cdots),$$

故当 $m > n \geqslant 2$ 时, 有

$$|x_m - x_n| \leqslant \sum_{k=n}^{m-1} |x_{k+1} - x_k| < |x_2 - x_1| \sum_{k=n}^{m-1} \frac{1}{4^{k-1}} < |x_2 - x_1| \sum_{k=n}^{\infty} \frac{1}{4^{k-1}}$$

$$= |x_2 - x_1| \left(\frac{1}{4^{n-1}} \cdot \frac{1}{1 - \frac{1}{4}} \right) = |x_2 - x_1| \frac{1}{3 \cdot 4^{n-2}} \cdot$$

又欲使 $|x_2 - x_1| \dfrac{1}{3 \cdot 4^{n-2}} < \varepsilon$, 只需 $4^{n-2} > \dfrac{|x_2 - x_1|}{3\varepsilon}$, 两边取对数, 得 $(n-2)\ln 4 > \ln \dfrac{|x_2 - x_1|}{3\varepsilon}$, 即 $n > \left(\ln \dfrac{|x_2 - x_1|}{3\varepsilon} / \ln 4 \right) + 2$. 于是取 $N = [\ln \dfrac{|x_2 - x_1|}{3\varepsilon} / \ln 4] + 3$(这里 $[a]$ 表示小于或等于 a 的最大正整数, 如 $[3.8] = 3$, 称为 a 的整数部分) 便知当 $m, n \geqslant N$ 时, 有 $|x_m - x_n| < \varepsilon$, 即 $\{x_n\}$ 为柯西列.

注 1.2　利用实数基本定理 1 的 (1) 知: 若 $[a_n, b_n]$ $(n = 1, 2, \cdots)$ 为闭区间套, 且 $\lim\limits_{n \to \infty} (b_n - a_n) = 0$, 则当 $a_n \leqslant c_n \leqslant b_n$ $(n = 1, 2, \cdots)$ 时, 有 $\lim\limits_{n \to \infty} c_n$ 存在, 且有

$$\lim_{n \to \infty} c_n = \lim_{n \to \infty} a_n = \lim_{n \to \infty} b_n.$$

但当 $[a_n, b_n]$ 不是闭区间套时, 从 $\lim\limits_{n \to \infty} (b_n - a_n) = 0$ 和 $a_n \leqslant c_n \leqslant b_n$ $(n = 1, 2, \cdots)$ 并不能推出 $\lim\limits_{n \to \infty} c_n$ 存在. 例如, 设 $c_n = n$, $a_n = n - \dfrac{1}{n}$, $b_n = n + \dfrac{1}{n}$ $(n = 1, 2, \cdots)$, 显然有 $\lim\limits_{n \to \infty} (b_n - a_n) = 0$ 和 $a_n \leqslant c_n \leqslant b_n$ $(n = 1, 2, \cdots)$, 然而 $\lim\limits_{n \to \infty} c_n$ 并不存在.

由注 1.2 可知, 下列的夹挤定理可以看成是实数基本定理 1 的 (1) 的一种演变, 它也是求数列极限的一种重要方法.

命题 1.2 (夹挤定理)　设 $a_n \leqslant c_n \leqslant b_n$ $(n = 1, 2, \cdots)$ 且 $\lim\limits_{n \to \infty} (b_n - a_n) = 0$, 则当 $\lim\limits_{n \to \infty} a_n$, $\lim\limits_{n \to \infty} b_n$ 至少有一存在时, 有 $\lim\limits_{n \to \infty} c_n$ 存在且

$$\lim_{n \to \infty} c_n = \lim_{n \to \infty} a_n = \lim_{n \to \infty} b_n.$$

证明　由假设易知 $\lim\limits_{n \to \infty} a_n$, $\lim\limits_{n \to \infty} b_n$ 均存在且相等, 设其共同值为 a. 今证 $\lim\limits_{n \to \infty} c_n = a$ 也成立.

事实上, $\forall \varepsilon > 0$, 由 $\lim\limits_{n \to \infty} a_n = \lim\limits_{n \to \infty} b_n = a$ 知, $\exists N_1, N_2 \in \mathbb{N}$, 使得当 $n \geqslant N_1$ 时, 有

$$|a_n - a| < \varepsilon, \quad \text{i.e.} \quad a - \varepsilon < a_n < a + \varepsilon$$

(i.e. 意指: 即), 又当 $n \geqslant N_2$ 时, 有

$$|b_n - a| < \varepsilon, \quad \text{i.e.} \quad a - \varepsilon < b_n < a + \varepsilon.$$

命 $N = \max\{N_1, N_2\}$, 则当 $n \geqslant N$ 时, 有

$$a - \varepsilon < a_n \leqslant c_n \leqslant b_n < a + \varepsilon,$$

即

$$|c_n - a| < \varepsilon,$$

这表明 $\lim\limits_{n \to \infty} c_n = a$.

例 1.2　求 $\lim\limits_{n \to \infty} \left(\dfrac{1}{n} + \dfrac{1}{\sqrt{n^2 + 1}} + \dfrac{1}{\sqrt{n^2 + 2}} + \cdots + \dfrac{1}{n + 1} \right)$.

解　首先注意 $(n + 1)^2 - n^2 = 2n + 1$. 于是可得

$$(2n + 2) \cdot \frac{1}{n + 1} \leqslant \frac{1}{n} + \frac{1}{\sqrt{n^2 + 1}} + \frac{1}{\sqrt{n^2 + 2}} + \cdots + \frac{1}{n + 1} \leqslant (2n + 2) \cdot \frac{1}{n}.$$

易见 $\lim\limits_{n \to \infty} \dfrac{2n + 1}{n + 1} = \lim\limits_{n \to \infty} \dfrac{2n + 1}{n} = 2$, 故由命题 1.2 知

$$\lim_{n \to \infty} \left(\frac{1}{n} + \frac{1}{\sqrt{n^2 + 1}} + \frac{1}{\sqrt{n^2 + 2}} + \cdots + \frac{1}{n + 1} \right) = 2.$$

例 1.3　求 $\lim\limits_{n \to \infty} \dfrac{1 \cdot 3 \cdot \cdots \cdot (2n - 1)}{2 \cdot 4 \cdot \cdots \cdot 2n}$.

解　利用常见的不等式

$$\sqrt{ab} < \frac{a + b}{2} \quad (a, b > 0, \ a \neq b),$$

立得

$$\sqrt{(2n - 1)(2n + 1)} < 2n \quad (n = 1, 2, \cdots).$$

于是有

$$0 < \frac{1 \cdot 3 \cdot \cdots \cdot (2n - 1)}{2 \cdot 4 \cdot \cdots \cdot 2n} = \frac{\sqrt{1 \cdot 3}}{2} \cdot \frac{\sqrt{3 \cdot 5}}{4} \cdots \frac{\sqrt{(2n - 1)(2n + 1)}}{2n} \cdot \frac{1}{\sqrt{2n + 1}}$$

$$< \frac{1}{\sqrt{2n + 1}} \to 0 \quad (n \to \infty),$$

从而由命题 1.2 得到

$$\lim_{n \to \infty} \frac{1 \cdot 3 \cdot \cdots \cdot (2n - 1)}{2 \cdot 4 \cdot \cdots \cdot 2n} = 0.$$

1.2　有界性与实数基本定理 2

定义 1.2　我们称 $E \subset \mathbb{R}$ 为有界, 指的是: $\exists M > 0$ 使得 $\forall x \in E$ 有 $|x| < M$; 也就是说, $E \subset (-M, M)$, 即 $\mathbb{R}$ 中的集 E 被包含在 $\mathbb{R}$ 中的某个点 —— 零点的某一邻域 $(-M, M)$ 内.

实数基本定理 2　下列命题等价, 并且与实数基本定理 1 中的 (1) 与 (2) 均等价.

(3) 聚点原理, 即若 $E \subset \mathbb{R}$ 为有界的无限集, 则有 $c \in \mathbb{R}$ 使得 c 为 E 的聚点 (指 $\forall \varepsilon > 0$ 在 c 的 ε 邻域 $(c - \varepsilon, c + \varepsilon)$ 中必有异于 c 的 E 中的点);

(4) 有界紧性, 即若 E 为 $\mathbb{R}$ 中的有界集, 则对任何 E 中的序列 $\{a_n\}$ 必有子列 $\{a_{n_k}\}$ 和 $a \in \mathbb{R}$, 使得 $\lim\limits_{k \to \infty} a_{n_k} = a$;

(5) 有限覆盖定理, 即若开区间族 $\{(a_\tau, b_\tau)\}_{\tau \in \Omega}$ 为闭区间 $[a,b]$ 的覆盖, 意指 $\bigcup\limits_{\tau \in \Omega} (a_\tau, b_\tau) \supset [a,b]$(这里 "$\bigcup$" 表示 "集合的并"), 则有 $\tau_1, \tau_2, \cdots, \tau_N \in \Omega$, 使得 $\{(a_{\tau_k}, b_{\tau_k})\}_{k=1}^{N}$ 也是 $[a,b]$ 的覆盖, 即 $\bigcup\limits_{k=1}^{N} (a_{\tau_k}, b_{\tau_k}) \supset [a,b]$.

证明　只证实数基本定理 1 中的 (1) 可推出这里的 (3), 其余可自行查阅 "教程" 或尝试自证之.

因为 E 有界, 故不妨设有闭区间 $[a,b] \supset E$. 将 $[a,b]$ 二等分成两个闭区间 $\left[a, \dfrac{a+b}{2}\right]$ 和 $\left[\dfrac{a+b}{2}, b\right]$, 显然其中至少有一个闭区间含有 E 中无限多个点, 记该闭区间为 $[a_1, b_1]$, 以此类推, 就可以得到一个包含 E 中的无限多个点的闭区间列:

$$[a,b] \supset [a_1, b_1] \supset [a_2, b_2] \supset \cdots \supset [a_n, b_n] \supset \cdots$$

并且 $[a_n, b_n]$ 的长度为

$$b_n - a_n = \frac{1}{2^n}(b-a) \to 0 \quad (n \to \infty).$$

于是, 由实数基本定理 1 的 (1) 可知有唯一的 $c \in \mathbb{R}$ 使得 $\bigcap\limits_{n=1}^{\infty} [a_n, b_n] = \{c\}$.

今证 c 就是 E 的聚点. 事实上, 对 c 的任何 ε 邻域 $(c-\varepsilon, c+\varepsilon)$, 由于 $c \in [a_n, b_n]$ $(\forall n \in \mathbb{N})$ 且 $b_n - a_n \to 0$ $(n \to \infty)$, 所以必有 $N \in \mathbb{N}$, 使得当 $n \geqslant N$ 时, $[a_n, b_n] \subset (c-\varepsilon, c+\varepsilon)$, 从而在 $(c-\varepsilon, c+\varepsilon)$ 中含有无限多个 E 中的点, 即 c 为 E 的聚点.

注 1.3　虽然上述的 (3)~(5) 相互等价, 但当各自的条件不满足时, 相应的结论可以不成立:

容易看出, 开区间族 $\left\{\left(\dfrac{1}{n}, 2\right)\right\}_{n \in \mathbb{N}}$ 具有性质: $\bigcup\limits_{n=1}^{\infty} \left(\dfrac{1}{n}, 2\right) \supset (0,1]$, 但其中的有限多个开区间都不能覆盖 $(0,1]$, 这表明当一族开区间覆盖非闭的区间时, (5) 的结论并不一定成立. 至于其他情形可自行讨论之.

注 1.4　在文献 [1] 中还有与 (5) 相等价的

(5*) 若开集族 $\{G_\tau\}_{\tau \in \Omega}$ 为有界闭集 $E \subset \mathbb{R}$ 的覆盖: $\bigcup\limits_{\tau \in G} G_\tau \supset E$, 则有 $\tau_1, \tau_2, \cdots, \tau_N \in \Omega$, 使得 $\{G_{\tau_k}\}_{k=1}^{N}$ 也是 E 的覆盖: $\bigcup\limits_{k=1}^{N} G_{\tau_k} \supset E$.

其中, 我们称闭集的补集为开集, 而闭集则是指: 包含它的所有聚点的集合, 又集 $E \subset \mathbb{R}$ 的补集记作 $\mathbb{R} \setminus E$.

(5) 与 (5*) 相等价是文献 [1] 中 36 页的定理 1.22, 它的证明此处从略.

1.3 实数基本定理 1 在距离空间中的相应形式

定义 1.3 设 X 为非空集, 若对任何 $x, y \in X$ 都有 $\rho(x, y) \geqslant 0$ 与之相应, 并且满足下列条件:

(1) $\rho(x, y) = 0$ 当且仅当 $x = y$;

(2) $\rho(x, y) = \rho(y, x)$;

(3) $\rho(x, y) + \rho(y, z) \geqslant \rho(x, z)$, $\forall x, y, z \in X$,

则称 ρ 为 X 上的距离, 也称为度量, 又称 (X, ρ) 为距离空间. 当 $\rho(x_n, x) \to 0$ $(n \to \infty)$ 时称 $\{x_n\}$ 收敛于 x, 记作 $\lim\limits_{n \to \infty} x_n = x$.

例 1.4 实数集 $\mathbb{R}$ 关于距离 $\rho(x, y) = |x - y|$ $(\forall x, y \in \mathbb{R})$ 显然为距离空间.

例 1.5 有理数全体关于距离 $\rho(x, y) = |x - y|$ 显然也是距离空间, 它也可以看成是 $\mathbb{R}$ 的子空间.

注 1.5 注意同一个非空集 X, 定义不同的距离就可以得到不同的距离空间, 但它们所对应的收敛概念有可能还是相同的. 例如, 对 $\mathbb{R}^2 = \{\boldsymbol{x} = (x_1, x_2) : x_1, x_2 \in \mathbb{R}\}$, 定义

$$\rho_1(\boldsymbol{x}, \boldsymbol{y}) = \sqrt{(x_1 - y_1)^2 + (x_2 - y_2)^2}, \quad \rho_2(\boldsymbol{x}, \boldsymbol{y}) = |x_1 - y_1| + |x_2 - y_2|,$$

$$\rho_3(\boldsymbol{x}, \boldsymbol{y}) = \max\{|x_1 - y_1|, |x_2 - y_2|\}.$$

易知 ρ_1, ρ_2, ρ_3 均为 $\mathbb{R}^2$ 上的距离, 即 $(\mathbb{R}^2, \rho_i)$ $(i = 1, 2, 3)$ 是不同的距离空间, 但它们所对应的收敛概念却是相同的. 容易看出: 当 $i = 1, 2, 3$ 时, 均有

$$\rho_i(x^{(n)}, x) \to 0 \ (n \to \infty) \quad \Leftrightarrow \quad |x_1^{(n)} - x_1| \to 0, \ |x_2^{(n)} - x_2| \to 0 \ (n \to \infty).$$

定义 1.4 设 (X, ρ) 为距离空间, $a \in X$, $E \subset X$, $r > 0$.

(1) 称 $S(a, r) = \{x \in X : \rho(a, x) < r\}$ 为以 a 为心, 以 r 为半径的 X 中的球, 也称为 a 的 r 邻域;

(2) 称 a 为 E 的聚点是指: $\forall r > 0$, 在 a 的 r 邻域中必有异于 a 的 E 中的点;

(3) 若 E 包含它的所有聚点的集合, 则称 E 为闭集;

(4) 若 E 的补集 $X \backslash E$ 为闭集, 则称 E 为开集;

(5) 若存在某个球 $S(a, r)$ 使得 $E \subset S(a, r)$, 则称 E 为有界集.

命题 1.3 $S(a, r)$ 为 X 中的开集.

证明 由定义 1.4, 只需证其补集 $X \backslash S(a, r)$ 为闭集, 又只需证 $S(a, r)$ 中的点都不是 $X \backslash S(a, r)$ 的聚点, 即只需证 $\forall x \in S(a, r)$, $\exists x$ 的邻域 $S(x, t)$, 使得其内没有 $X \backslash S(a, r)$ 的点.

事实上, 取 $t = r - \rho(a, x) > 0$ 即可: 设 $y \in S(x, r - \rho(a, x))$, 则因

$$\rho(a, y) \leqslant \rho(a, x) + \rho(x, y) < \rho(a, x) + (r - \rho(a, x)) = r,$$

故 $y \notin X \setminus S(a, r)$.

类似地, 可证得

命题 1.4　$\overline{S}(a, r) = \{x \in X : \rho(a, x) \leqslant r\}$ 为 X 中的闭集.

命题 1.5　设 X 为距离空间, $G \subset X$ 为开集, 则对任何 $x \in G$, 存在 $r > 0$, 使得 $x \in S(x, r) \subset G$.

证明　否则, 对任何 $n \in \mathbb{N}$, 有 $x_n \in S\left(x, \dfrac{1}{n}\right)$ 且 $x_n \notin G$, 即 $x_n \in X \setminus G$. 显然, 由 $\rho(x, x_n) < \dfrac{1}{n} \to 0 \ (n \to \infty)$ 可得 $x_n \to x \ (n \to \infty)$, 而 $X \setminus G$ 为闭集, 于是知 $x \in X \setminus G$, 发生矛盾.

下面讨论实数基本定理 1 在距离空间中的相应形式, 即完备性定理.

完备性定理　设 (X, ρ) 为距离空间, 则下列两个命题等价:

$(1')$ 闭球套定理, 即若

$$\overline{S}(a_1, r_1) \supset \overline{S}(a_2, r_2) \supset \cdots \supset \overline{S}(a_n, r_n) \supset \cdots, \quad \lim_{n \to \infty} r_n = 0,$$

则有 $a \in X$ 使得 $\bigcap\limits_{n=1}^{\infty} \overline{S}(a_n, r_n) = \{a\}$.

$(2')$ 柯西收敛准则, 即若 $\{x_n\} \subset X$ 为柯西列 (也称基本列), 指的是: $\forall \varepsilon > 0, \exists N \in \mathbb{N}$, 使得当 $m, n \geqslant N$ 时有

$$\rho(x_m, x_n) < \varepsilon,$$

则有 $x \in X$ 使得 $\lim\limits_{n \to \infty} x_n = x$.

证明　$(1') \Rightarrow (2')$

设 $\{x_n\} \subset X$ 为柯西列, 则 $\forall k \in \mathbb{N}, \exists n_k \in \mathbb{N}$, 使得 $n_{k+1} \geqslant n_k$, 且

$$\rho(x_n, x_{n_k}) < \frac{1}{2^{k+1}} \quad (n \geqslant n_k).$$

今证 $\left\{\overline{S}\left(x_{n_k}, \dfrac{1}{2^k}\right)\right\}_{k=1}^{\infty}$ 为闭球套, 从而由 $(1')$ 知存在 $x \in X$, 使得

$$x \in \bigcap_{k=1}^{\infty} \overline{S}\left(x_{n_k}, \frac{1}{2^k}\right),$$

于是当 $n \geqslant n_k$ 时有

$$\rho(x_n, x) \leqslant \rho(x_n, x_{n_k}) + \rho(x_{n_k}, x) < \frac{1}{2^{k+1}} + \frac{1}{2^k} = \frac{3}{2^{k+1}} \quad (k = 1, 2, \cdots),$$

这表明 $\lim\limits_{n \to \infty} x_n = x$, 即 $(2')$ 获证.

事实上, $\forall y \in \overline{S}\left(x_{n_{k+1}}, \dfrac{1}{2^{k+1}}\right)$, 由

$$\rho(x_{n_k}, y) \leqslant \rho(x_{n_k}, x_{n_{k+1}}) + \rho(x_{n_{k+1}}, y) \leqslant \frac{1}{2^{k+1}} + \frac{1}{2^{k+1}} = \frac{1}{2^k}$$

立得 $y \in \overline{S}\left(x_{n_k}, \dfrac{1}{2^k}\right) (k = 1, 2, \cdots)$, 即 $\left\{\overline{S}\left(x_{n_k}, \dfrac{1}{2^k}\right)\right\}_{k=1}^{\infty}$ 为闭球套.

$(2') \Rightarrow (1')$

设 $\{\overline{S}(a_n, r_n)\}$ 为闭球套且 $r_n \to 0 \ (n \to \infty)$, 则当 $m > n$ 时有 $a_m \in \overline{S}(a_m, r_m) \subset \overline{S}(a_n, r_n)$, 故得

$$\rho(a_m, a_n) \leqslant r_n \to 0 \quad (n \to \infty).$$

易知, 这表明 $\{a_n\}$ 为柯西列. 因此, 由 $(2')$ 存在 $a \in X$ 使得 $a_n \to a \ (n \to \infty)$. 如果存在 $N \in \mathbb{N}$ 使得 $a \notin \overline{S}(a_N, r_N)$, 则有 $\rho(a, a_N) > r_N$. 命 $r = (\rho(a, a_N) - r_N)/2 > 0$, 则当 $n \geqslant N$ 时有

$$S(a, r) \cap \overline{S}(a_n, r_n) \subset S(a, r) \cap \overline{S}(a_N, r_N) = \varnothing.$$

这表明 $\lim\limits_{n \to \infty} a_n = a$ 并不成立, 发生矛盾. 由此可见 $a \in \bigcap\limits_{n=1}^{\infty} \overline{S}(a_n, r_n)$.

另外, 若 $b \in \bigcap\limits_{n=1}^{\infty} \overline{S}(a_n, r_n)$, 则有

$$\rho(a, b) \leqslant \rho(a, a_n) + \rho(a_n, b) \leqslant 2r_n \to 0 \quad (n \to \infty),$$

故 $\rho(a, b) = 0$, 即 $b = a$. 最后证得 $\bigcap\limits_{n=1}^{\infty} \overline{S}(a_n, r_n) = \{a\}$, 即 $(1')$ 得证.

注 1.6　显然, 对例 1.5 所给出的距离空间, 完备性定理就不成立, 譬如取极限为无理数的有理数柯西列就可以说明对例 1.5 而言柯西收敛准则并不成立.

定义 1.5　距离空间 (X, ρ) 叫做完备的, 是指在 X 中柯西收敛准则成立.

*1.4　实数基本定理 2 在距离空间中的相应形式

有界紧性定理　设 (X, ρ) 为距离空间, 则下列命题等价:

$(3')$ 聚点原理, 即若 $E \subset X$ 为有界的无限集, 则有 $c \in X$ 使得 c 是 E 的聚点.

$(4')$ 有界紧性, 即若 $E \subset X$ 为有界集, 则对任何 E 中的序列 $\{a_n\}$ 必有子列 $\{a_{n_k}\}$ 和 $a \in X$ 使得 $\lim\limits_{k \to \infty} a_{n_k} = a$.

$(5^{*}{}')$ 有限覆盖定理, 即若开集族 $\{G_\tau\}_{\tau \in \Omega}$ 为有界闭集 $E \subset X$ 的覆盖, 意指 $\bigcup\limits_{\tau \in \Omega} G_\tau \supset E$, 则有 $\tau_1, \tau_2, \cdots, \tau_N \in \Omega$, 使得 $\{G_{\tau_k}\}_{k=1}^{N}$ 也是 E 的覆盖, 即 $\bigcup\limits_{k=1}^{N} G_{\tau_k} \supset E$.

证明　$(3') \Rightarrow (4')$

若有界集 E 为有限集, 则对任何序列 $\{a_n\} \subset E$ 必有 $n_0 \in \mathbb{N}$ 使得 $\{a_n\}$ 有子列 $\{a_{n_k}\}$ 满足 $a_{n_k} = a_{n_0} \ (k = 1, 2, \cdots)$, 于是得到 $\lim\limits_{k \to \infty} a_{n_k} = a_{n_0}$.

若有界集 E 为无限集, 则不妨设 $\{a_n\} \subset E$ 为无限集. 由 $(3')$ 知 $\{a_n\}$ 有聚点 $a \in X$. 于是对任何 $k \in \mathbb{N}$, 必存在 $\{a_n\}$ 的子列 $\{a_{n_k}\}$, 使得

$$a_{n_k} \in S\left(a, \frac{1}{k}\right), \quad a_{n_k} \neq a,$$

即有 $\rho(a, a_{n_k}) < \dfrac{1}{k} \to 0 \ (k \to \infty)$, 故 $\lim\limits_{k \to \infty} a_{n_k} = a$. 从而 $(4')$ 得证.

$(5^{*\prime}) \Rightarrow (3')$

若 $(3')$ 不成立, 则存在 X 的有界无限子集 E 在 X 中没有聚点, 从而又必存在 E 的无限子集 $F = \{x_n\}$ 在 X 中没有聚点, 于是 F 为有界闭集. 命

$$F_n = \{x_{n+1}, x_{n+2}, \cdots\} \quad (\forall n \in \mathbb{N}).$$

显然, F_n 也是闭集, 于是 $G_n = X \setminus F_n$ 为开集 $(\forall n \in \mathbb{N})$. 易见

$$\bigcup_{n=1}^{\infty} G_n \supset \bigcup_{n=1}^{\infty} \{x_1, x_2, \cdots, x_n\} = F,$$

即 $\{G_n\}_{n=1}^{\infty}$ 为有界闭集 F 的开覆盖. 因此, 由 $(5^{*\prime})$ 知存在 $N \in \mathbb{N}$ 使得 $\bigcup\limits_{n=1}^{N} G_n \supset F$. 但另一方面, 显然有 $x_{N+1}, x_{N+2}, \cdots \notin \bigcup\limits_{n=1}^{N} G_n$, 发生矛盾, 即 $(3')$ 获证.

$(4') \Rightarrow (5^{*\prime})$

(1) 先证开集族 $\{G_\tau\}_{\tau \in \Omega}$ 为开集列 $\{G_n\}_{n=1}^{\infty}$ 的情形时, $(5^{*\prime})$ 成立.

若不然, 则对任何 $n \in \mathbb{N}$, $\bigcup\limits_{k=1}^{n} G_k \supset E$ 不成立, 即必有 $x_n \in E \setminus \bigcup\limits_{k=1}^{n} G_k$. 于是由 $(4')$ 知, $\{x_n\}$ 有子列 $\{x_{n_l}\}$ 和 $x_0 \in X$ 使得 $x_{n_l} \to x_0 \ (l \to \infty)$, 从而由 E 为闭集即得 $x_0 \in E$.

另一方面, 由 $\bigcup\limits_{n=1}^{\infty} G_n \supset E$ 知存在 G_{n_0} 使得 $x_0 \in G_{n_0}$, 再由命题 1.5 知存在 $r > 0$ 使得 $x_0 \in S(x_0, r) \subset G_{n_0} \subset \bigcup\limits_{k=1}^{n_0} G_k$. 又从 $x_{n_l} \to x_0 \ (l \to \infty)$ 知存 $N \in \mathbb{N}$ 使当 $l \geqslant N$ 且 $n_l > n_0$ 时有 $x_{n_l} \in \bigcup\limits_{k=1}^{n_0} G_k \subset \bigcup\limits_{k=1}^{n_l} G_k$, 即当 $l \geqslant N$ 时 $x_{n_l} \notin \dfrac{E}{\bigcup\limits_{k=1}^{n_l} G_k}$, 发生矛盾.

(2) 再证若开集族 $\{G_\tau\}_{\tau \in \Omega}$ 覆盖有界闭集 E, 则必有该开集族中的开集列 $\{G_{\tau_n}\}_{n=1}^{\infty}$ 使得 $\bigcup\limits_{n=1}^{\infty} G_{\tau_n} \supset E$ 仍成立, 从而再由前段所证, $(5^{*\prime})$ 获证.

为此, 先来证明: 对任何 $r > 0$, 存在 E 的有限子集 $\{x_k\}_{k=1}^{m}$, 使对任何 $x \in E$, 有 x_k 使得 $x \in S(x_k, r)$.

否则, 对任取的 $y_1 \in E$ 就有 $y_2 \in E$, 使得 $\rho(y_1, y_2) \geqslant r$; 再对 $\{y_1, y_2\}$, 又有 $y_3 \in E$, 使得 $\rho(y_1, y_3) \geqslant r$ 且 $\rho(y_2, y_3) \geqslant r$; 以此类推, 便有 $\{y_n\}_{n=1}^{\infty} \subset E$, 使得

$$\rho(y_n, y_l) \geqslant r \quad (\forall n \neq l, \ n, l \in \mathbb{N}).$$

另一方面, 由 (4′) 知 $\{y_n\}$ 存在子列 $\{y_{n_k}\}$ 和 $y_0 \in X$, 使得 $y_{n_k} \to y_0 \ (k \to \infty)$, 从而存在 $N \in \mathbb{N}$, 使当 $k \geqslant N$ 时, 有 $\rho(y_{n_k}, y_0) < \dfrac{r}{2}$, 故得

$$\rho(y_{n_k}, y_{n_l}) \leqslant \rho(y_{n_k}, y_0) + \rho(y_{n_l}, y_0) < r \quad (k \neq l, \ \ k, l \geqslant N).$$

发生矛盾.

由此可见, 对 $r_n = \dfrac{1}{2^n} \ (n \in \mathbb{N})$, 存在 E 的有限子集 $\{x_1^{(n)}, x_2^{(n)}, \cdots, x_{m_n}^{(n)}\}$, 使得对任何 $x \in E$, 有 $x_k^{(n)}$ 满足 $x \in S(x_k^{(n)}, r_n)$, 于是有

$$\bigcup_{k=1}^{m_n} S(x_k^{(n)}, r_n) \supset E,$$

自然更有

$$\bigcup_{n=1}^{\infty} \bigcup_{k=1}^{m_n} S(x_k^{(n)}, r_n) \supset E.$$

由于 $\{G_\tau\}_{\tau \in \Omega}$ 是 E 的开覆盖, 所以对任何 $x \in E$ 必有 $\tau_0 \in \Omega$, 使得 $x \in G_{\tau_0}$. 再由命题 1.5, 有 $r > 0$ 使得 $x \in S(x, r) \subset G_{\tau_0}$. 又取 $n \in \mathbb{N}$, 使得 $r_n < \dfrac{r}{2}$. 这样一来, 就有 $x_k^{(n)}$, 使得 $x \in S(x_k^{(n)}, r_n)$, 从而得到

$$x \in S(x_k^{(n)}, r_n) \subset S(x, r) \subset G_{\tau_0}.$$

记如此与 $x_k^{(n)}$ 相对应的 G_{τ_0} 为开集族 $\{G_\tau\}_{\tau \in \Omega}$ 中的 $G_{\tau_{n,k}}$, 则易知所有这样的 $G_{\tau_{n,k}}$ $(1 \leqslant k \leqslant m_n, \ n = 1, 2, \cdots)$ 为 $\{G_\tau\}_{\tau \in \Omega}$ 的开集列并且有

$$\bigcup_{n=1}^{\infty} \bigcup_{k=1}^{m_n} G_{\tau_{n,k}} \supset E,$$

从而得证.

注 1.7 对距离空间, 由有界紧性定理可推出完备性定理, 如有 (4′) ⟹ (2′).

证明 设 $\{x_n\}$ 为柯西列, 则有 $N \in \mathbb{N}$, 使得

$$\rho(x_m, x_n) < 1 \quad (\forall m, n \geqslant N).$$

命 $M = \max\limits_{1 \leqslant k < N} \rho(x_k, x_N)$, 即得

$$\rho(x_n, x_N) < M + 1 \quad (n = 1, 2, \cdots),$$

故 $\{x_n\}$ 是有界的. 于是由 (4′) 便有 $\{x_n\}$ 的子列 $\{x_{n_k}\}$ 和 $x \in X$, 使得 $x_{n_k} \to x \ (k \to \infty)$. 今证 $x_n \to x \ (n \to \infty)$.

事实上, $\forall \varepsilon > 0, \exists N \in \mathbb{N}$, 使得当 $n \geqslant n_N$ 时, 有

$$\rho(x_n, x_{n_N}) < \dfrac{\varepsilon}{2}, \quad \rho(x_{n_N}, x) < \dfrac{\varepsilon}{2}.$$

因此得到

$$\rho(x_n, x) \leqslant \rho(x_n, x_{n_N}) + \rho(x_{n_N}, x) < \varepsilon \quad (n \geqslant n_N),$$

即 $\lim\limits_{n \to \infty} x_n = x$.

注 1.8　对距离空间, 从完备性定理推不出有界紧性定理.

例 1.6　设

$$l_2 = \left\{ \boldsymbol{x} = \{x_k\}_{k=1}^{\infty} : \sum_{k=1}^{\infty} |x_k|^2 < \infty, \ x_k \in \mathbb{R} \ (\forall k \in \mathbb{N}) \right\},$$

则可以证明 l_2 为完备的距离空间 (见后面的注 1.10), 其内的距离定义为

$$\rho(\boldsymbol{x}, \boldsymbol{y}) = \left(\sum_{k=1}^{\infty} |x_k - y_k|^2 \right)^{\frac{1}{2}} \quad (\forall \boldsymbol{x} = \{x_k\}, \ \boldsymbol{y} = \{y_k\} \in l_2),$$

其中 $\sum\limits_{k=1}^{\infty} c_k \ (c_k \in \mathbb{R})$ 称为数项级数, 若数列 $\left\{ \sum\limits_{k=1}^{n} c_k \right\}_{n=1}^{\infty}$ 的极限存在, 则称数项级数 $\sum\limits_{k=1}^{\infty} c_k$ 收敛, 并称其和 S 为 $\lim\limits_{n \to \infty} \sum\limits_{k=1}^{n} c_k$. 又 $\sum\limits_{k=1}^{n} c_k$ 也称为 $\sum\limits_{k=1}^{\infty} c_k$ 的 n 项部分和, 记作 S_n, 即 $S_n = \sum\limits_{k=1}^{n} c_k$, $\lim\limits_{n \to \infty} S_n = S$. 另外, 不收敛的数项级数称为发散.

借助数列极限的运算性质 (命题 1.1), 对数项级数有如下的命题:

命题 1.6　若 $\sum\limits_{k=1}^{\infty} a_k = a$, $\sum\limits_{k=1}^{\infty} b_k = b$, $c \in \mathbb{R}$, 则有

(1) $\sum\limits_{k=1}^{\infty} (a_k \pm b_k) = \sum\limits_{k=1}^{\infty} a_k \pm \sum\limits_{k=1}^{\infty} b_k \ (= a \pm b)$;

(2) $\sum\limits_{k=1}^{\infty} c a_k = c \sum\limits_{k=1}^{\infty} a_k \ (= ca)$.

证明　今证 l_2 不具有有界紧性:

设 $E = \{\boldsymbol{e}_n\}_{n=1}^{\infty}$, 其中

$$\boldsymbol{e}_n = \{\overbrace{0, 0, \cdots, 0, 1}^{n}, 0, 0, \cdots\},$$

又记 $\boldsymbol{\theta} = \{0, 0, \cdots\}$, 易知 $E \subset l_2$ 且 $\boldsymbol{\theta} \in l_2$. 由于

$$\rho(\boldsymbol{\theta}, \boldsymbol{e}_n) = 1 \quad (n = 1, 2, \cdots),$$

故 E 为有界集. 又从

$$\rho(\boldsymbol{e}_m, \boldsymbol{e}_n) = \sqrt{2} \quad (\forall m, n \in \mathbb{N}, \ m \neq n)$$

可推出 $\{\boldsymbol{e}_n\}_{n=1}^{\infty}$ 无收敛的子列, 即 E 不满足有界紧性定理的 $(4')$.

注 1.9   在一般拓扑学 (文献 [2]) 中对完备性和紧性均有讨论, 但似乎未曾见到完全按照数学分析 (包含实变函数) 的表述方式进行相应的讨论和证明, 而这种形式的阐述对初学者应该是有益的. 其实, 通过在距离空间中对完备性定理与有界紧性定理的证明以及注 1.7, 就已经完全补齐了实数基本定理 1,2 中 (1)~(5) 和 (5*) 均等价所需的全部证明, 而且还避免了利用 [1] 的定理 1.22.

注 1.10   在距离空间中不仅没有 "序" 的概念, 而且也没有 "代数运算", 只有对 "极限" 问题的讨论. 对带有代数运算的距离空间, 譬如在泛函分析中非常重要的赋范线性空间就是这样的例子. 在通常的泛函分析教程 (以下简称 "泛函分析教程") 中, 关于赋范线性空间的定义是指:

一个非空集 X, 在其内规定了加法和数乘两种代数运算

$$x + y \quad (\forall x, y \in X), \quad ax \quad (\forall a \in \mathbb{R}, x \in X)$$

并满足如下几个条件:

(a) X 关于加法是一个交换群 (即满足交换律 $x+y = y+x$ 和结合律 $(x+y)+z = x+(y+z)$, 且存在零元 $\theta \in X$ 使对任何 $x \in X$ 有 $x + \theta = x$ 以及对任何 $x \in X$ 存在负元 $-x \in X$ 使得 $x + (-x) = \theta$);

(b) $a(x + y) = ax + ay, (a + b)x = ax + bx \ (\forall x, y \in X, \ a, b \in \mathbb{R})$;

(c) $a(bx) = (ab)x \ (\forall a, b \in \mathbb{R}, \ x \in X)$;

(d) $1x = x \ (\forall x \in X)$,

即 X 为通常的高等代数教程 (以下简称 "高等代数教程") 中的线性空间, 且对 X 中的每一个元 x 有一个非负实数与之相应, 记作 $\|x\|$ 并称之为 x 的范数, 它满足:

(1) $\|x\| = 0$ 当且仅当 $x = \theta$;

(2) $\|ax\| = |a| \|x\|, \forall x \in X, a \in \mathbb{R}$;

(3) $\|x + y\| \leqslant \|x\| + \|y\|, \forall x, y \in X$.

如在赋范线性空间 $(X, \| \cdot \|)$ 中, 命

$$\rho(x, y) = \|x - y\| \quad (\forall x, y \in X),$$

则易知 (X, ρ) 是一个距离空间.

对注 1.8 中的反例 (例 1.6) l_2, 如果命

$$\boldsymbol{x} + \boldsymbol{y} = \{x_k + y_k\}_{k=1}^{\infty}, \ \forall \boldsymbol{x} = \{x_k\}_{k=1}^{\infty}, \ \boldsymbol{y} = \{y_k\}_{k=1}^{\infty} \in l_2,$$

$$a \cdot \boldsymbol{x} = \{ax_k\}_{k=1}^{\infty}, \ \forall \boldsymbol{x} = \{x_k\}_{k=1}^{\infty} \in l_2, a \in \mathbb{R},$$

$$\|\boldsymbol{x}\| = \left(\sum_{k=1}^{\infty} |x_k|^2 \right)^{\frac{1}{2}}, \quad \forall \boldsymbol{x} = \{x_k\}_{k=1}^{\infty} \in l_2,$$

那么 l_2 就成为一个完备的赋范线性空间 (证明可参看相关的泛函分析教程), 并且有 $\rho(\boldsymbol{x}, \boldsymbol{y}) = \|\boldsymbol{x} - \boldsymbol{y}\|$, $\forall \boldsymbol{x}, \boldsymbol{y} \in l_2$.

在 "泛函分析教程" 中还有这样的结论:

命题 1.7　设 X 为赋范线性空间, 则 X 具有有界紧性, 当且仅当 X 是有限维的.

第2章 实数基本定理与序结构

2.1 上、下确界与实数基本定理 3

定义 2.1 设 $E \subset \mathbb{R}$. 则称 E 的最小上界为 E 的上确界, 记作 $\sup E$ 或 $\sup\limits_{x \in E} x$. 所谓 L 是 E 的最小上界, 是指:

(1) $\forall x \in E$ 有 $x \leqslant L$;

(2) $\forall E$ 的上界 M 有 $M \geqslant L$.

类似地, E 的下确界就是 E 的最大下界, 记作 $\inf E$ 或 $\inf\limits_{x \in E} x$.

另外, 当 E 无上界时, 记 $\sup E = \infty$, 又当 E 无下界时, 记 $\inf E = -\infty$.

注 2.1 设 $a = \sup E$, 若 $a \in E$, 则 a 就是 E 的最大值. 同样, 当 $\inf E = b \in E$ 时, b 就是 E 的最小值.

命题 2.1 设 $E \subset \mathbb{R}$, 则有

(1) $\sup E = a \Leftrightarrow a$ 为 E 的上界且 $\forall \varepsilon > 0, \exists a_\varepsilon \in E$ 使 $a_\varepsilon > a - \varepsilon$;

(2) $\inf E = b \Leftrightarrow b$ 为 E 的下界且 $\forall \varepsilon > 0, \exists b_\varepsilon \in E$ 使 $b_\varepsilon < b + \varepsilon$.

证明 只证 (1), (2) 的证明类似. 必要性 否则, $\exists \varepsilon_0 > 0$ 使得 $\forall x \in E$ 均有 $x \leqslant a - \varepsilon_0$, 即 a 不是最小上界, 发生矛盾.

充分性 设 M 为 E 的上界, 则因由假设知, $\forall \varepsilon > 0, \exists a_\varepsilon \in E$ 使得 $a_\varepsilon > a - \varepsilon$, 故得 $M \geqslant a_\varepsilon > a - \varepsilon$, 再由 ε 的任意性即有 $M \geqslant a$, 亦即 a 为 E 的最小上界.

命题 2.2 从 $E \subset \mathbb{R}$ 有上界就必有最小上界, 恒可推出 $E \subset \mathbb{R}$ 有下界就必有最大下界.

证明 设 $E \subset \mathbb{R}$ 有下界 m. 命 $-E = \{-x : \forall x \in E\}$, 则 $-m$ 是 $-E$ 的一个上界, 故由假设便知 $\sup(-E)$ 存在. 于是可得 $x \geqslant -\sup(-E)$ $(\forall x \in E)$, 即 $-\sup(-E)$ 是 E 的一个下界. 从而 $\forall \varepsilon > 0$, 由命题 2.1 的 (1) 知 $\exists a_\varepsilon \in -E$ 使得 $a_\varepsilon > \sup(-E) - \varepsilon$, 亦即有 $-a_\varepsilon \in E$ 且 $-a_\varepsilon < -\sup(-E) + \varepsilon$, 再由命题 2.1 的 (2) 立得 $-\sup(-E)$ 是 E 的最大下界.

命题 2.3 设 $E \subset \mathbb{R}$, 则有

(1) 设 $a = \sup E$, 则有 $\{a_n\} \subset E$, 使得 $\forall n \in \mathbb{N}$, 有 $a_{n+1} \geqslant a_n$ 且 $a_n \to a$ $(n \to \infty)$;

(2) 设 $b = \inf E$, 则有 $\{b_n\} \subset E$, 使得 $\forall n \in \mathbb{N}$, 有 $b_{n+1} \leqslant b_n$ 且 $b_n \to b$ $(n \to \infty)$.

证明 只证 (2), (1) 的证明类似. 如果 $b \in E$, 那么 $b, b, \cdots$ 即为 E 中所需之数列. 若 $b \notin E$, 则 $\forall n \in \mathbb{N}$, 由命题 2.1 就有 $b_n \in E$, 使得 $b < b_n < b + \dfrac{1}{n}$, 且显然可设 $b_{n+1} \leqslant b_n$, 于是再由夹挤定理 (命题 1.2) 便有 $\lim\limits_{n \to \infty} b_n = b$, 结论获证.

命题 2.4　(1) $\sup_n(-a_n) = -\inf_n a_n$, $\inf_n(-a_n) = -\sup_n a_n$;

(2) $\sup_n a_n + \sup_n b_n \geqslant \sup_n(a_n + b_n) \geqslant \sup_n a_n + \inf_n b_n \geqslant \inf_n(a_n + b_n) \geqslant \inf_n a_n + \inf_n b_n$
(该命题, 只要不出现 $\infty - \infty$ 的情形, 均可使用).

证明　只证 (2) 中的第 2 个不等式且设式中的上、下确界均存在.

因为 $\forall \varepsilon > 0$, 由命题 2.1 知 $\exists N \in \mathbb{N}$, 使得 $a_N > \sup_n a_n - \varepsilon$, 又 $b_N \geqslant \inf_n b_n$ 自然成立, 故得

$$\sup_n(a_n + b_n) \geqslant a_N + b_N > \sup_n a_n + \inf_n b_n - \varepsilon.$$

再由 ε 的任意性便知该不等式得证.

注 2.2　命题 2.4 的 (2) 中的不等式可以出现 "$>$" 的情形. 例如, 设 $b_n = a_n = \dfrac{n}{n+1}$ ($n = 1, 2, \cdots$), 则有 $\sup_n a_n = 1$, $\inf_n b_n = \dfrac{1}{2}$, 故得

$$\sup_n(a_n + b_n) = 2 > \sup_n a_n + \inf_n b_n.$$

这表明命题 2.4 的 (2) 中的第二个不等式出现 "$>$" 的情形.

实数基本定理 3　下列命题等价, 并且与实数基本定理 1 与 2 中的 (1)~(5) 以及 (5*) 均等价:

(6) 有界单调收敛定理, 即若

$$a_1 \leqslant a_2 \leqslant \cdots \leqslant a_n \leqslant \cdots \leqslant M \quad (a_1 \geqslant a_2 \geqslant \cdots \geqslant a_n \geqslant \cdots \geqslant m),$$

则有 $a \in \mathbb{R}$ 使得 $\lim_{n \to \infty} a_n = a$.

(7) 确界定理, 即若 $E \subset \mathbb{R}$ 为有界, 则 E 必存在上确界 $\sup E$ 和下确界 $\inf E$.

证明　(7) $\Rightarrow$ (6)　设 $a_1 \leqslant a_2 \leqslant \cdots \leqslant a_n \leqslant \cdots \leqslant M$, 则由 (7) 知存在 $a \in \mathbb{R}$ 使得 $\sup_n a_n = a$. 于是对任何 $\varepsilon > 0$, 由命题 2.1 有 a_N 满足 $a_N > a - \varepsilon$, 从而当 $n \geqslant N$ 时有

$$a - \varepsilon < a_N \leqslant a_n \leqslant a < a + \varepsilon.$$

这表明当 $n \geqslant N$ 时有 $|a_n - a| < \varepsilon$, 即 $\lim_{n \to \infty} a_n = a$.

(6) $\Rightarrow$ (1)　设 $[a_1, b_1] \supset [a_2, b_2] \supset \cdots$ 且 $\lim_{n \to \infty}(b_n - a_n) = 0$, 则由 (6) 知存在 $a, b \in \mathbb{R}$ 使得 $\lim_{n \to \infty} a_n = a$ 且 $\lim_{n \to \infty} b_n = b$, 再由 $\lim_{n \to \infty}(b_n - a_n) = 0$ 即得 $a = b$, 从而对任何 $n \in \mathbb{N}$ 有 $a = b \in [a_n, b_n]$. 显然, 若又有 $c \in [a_n, b_n]$ ($\forall n \in \mathbb{N}$), 则有

$$|a - c| \leqslant b_n - a_n \to 0 \quad (n \to \infty),$$

故立得 $c = a$. 于是只有唯一的 $a \in \mathbb{R}$ 使得 $\bigcap_{n=1}^{\infty}[a_n, b_n] = \{a\}$.

(1) $\Rightarrow$ (7)　设对任何 $x \in E$ 有 $m \leqslant x \leqslant M$. 命 $[a_1, b_1] = [m, M]$, 将 $[a_1, b_1]$ 二等分为

$\left[a_1, \dfrac{a_1+b_1}{2}\right]$ 和 $\left[\dfrac{a_1+b_1}{2}, b_1\right]$, 若 $\dfrac{a_1+b_1}{2}$ 为 E 的上界, 则取 $[a_2, b_2] = \left[a_1, \dfrac{a_1+b_1}{2}\right]$, 否则取 $[a_2, b_2] = \left[\dfrac{a_1+b_1}{2}, b_1\right]$, 于是得到

$$[a_1, b_1] \supset [a_2, b_2], \quad b_2 - a_2 = \frac{1}{2}(b_1 - a_1).$$

以此类推, 即得闭区间套

$$[a_1, b_1] \supset [a_2, b_2] \supset \cdots \supset [a_n, b_n] \supset \cdots$$

以及

$$b_n - a_n = \frac{1}{2^{n-1}}(b_1 - a_1) \to 0 \quad (n \to \infty),$$

其中 b_n 是 E 的上界, 而 a_n 不是 E 的上界 $(\forall n \in \mathbb{N})$. 根据 (1) 存在 $a \in \mathbb{R}$ 使得

$$a \in \bigcap_{n=1}^{\infty}[a_n, b_n].$$

今证 a 就是 E 的最小上界.

事实上, 若 a 不是 E 的上界, 则有 $x \in E$ 使得 $x > a$, 且易知存在 b_N 使得 $b_N - a < x - a$, 即 b_N 不是 E 的上界, 发生矛盾. 进而若 a 不是 E 的最小上界, 则有 E 的上界 b 使得 $b < a$. 又显然有 a_N 使得 $a - a_N < a - b$, 即 $b < a_N$, 从而 b 更不是 E 的上界, 也发生矛盾.

注 2.3　由命题 2.2 易知 (7) 与 (7*): "若 $E \subset \mathbb{R}$ 有上界, 则 E 必存在上确界" 等价.

注 2.4　新加坡国立大学李秉彝 1993 年出版一本微积分教材 [3], 只有 76 页 (16 开本). 该教材以最小上界公理 (即有上界的实数集必有最小上界) 为全书的出发点, 然后证明在有上界的单调增加数列必有极限······容易看出: 数集有上界必有最小上界 $\iff$ 数集有下界必有最大下界. 本书第一作者有幸于 1994 年 1~2 月间在新加坡大学学生教室聆听过李先生的授课, 他讲课语言幽默风趣, 辅以演员般的形体动作, 极具感染力, 各层次听众均获益良多. 由于李先生的书 [3] 国内很少见到, 请有兴趣读者注意林熙 1994 年夏在"国外 (数学) 教材研讨会"中, 从 8 个方面分析了李秉彝的这本教材 (见文献 [4]).

李先生曾担任两届国际数学教育委员会 (ICME) 副主席 (1987-1994). 在中国数学界大力支持下, 他成功推荐张奠宙成为 ICME 执行委员会的首位中国执委 (1995-1998), 协助中国的数学教育走向世界.

实数基本定理 3 中的 (6) 也可以用来计算某些数列的极限.

例 2.1　设 $x_1 = \sqrt{6}$, $x_{n+1} = \sqrt{6 + x_n}$ $(n = 1, 2, \cdots)$, 求 $\lim\limits_{n \to \infty} x_n$.

解　因为 $x_2 = \sqrt{6 + x_1} = \sqrt{6 + \sqrt{6}} > \sqrt{6} = x_1$, 由数学归纳法知

$$x_{n+1} = \sqrt{6 + x_n} > \sqrt{6 + x_{n-1}} = x_n$$

对任何 $n \in \mathbb{N}$ 成立, 即 $\{x_n\}$ 为单调增加数列. 又因 $x_1 = \sqrt{6} < 3$, 由数学归纳法有

$$x_{n+1} = \sqrt{6 + x_n} < \sqrt{6 + 3} = 3 \quad (n = 1, 2, \cdots),$$

即 $\{x_n\}$ 为有界. 故由实数基本定理 3 中的 (6) 得到 $\lim\limits_{n \to \infty} x_n = A$ 存在. 对该数列的递推公式两边取极限并利用命题 1.1 即得

$$A = \lim_{n \to \infty} x_{n+1} = \lim_{n \to \infty} \sqrt{6 + x_n} = \sqrt{6 + \lim_{n \to \infty} x_n} = \sqrt{6 + A}.$$

两边平方之, 得到

$$A^2 - A - 6 = 0,$$

舍去 $A = -2$, 就有 $\lim\limits_{n \to \infty} x_n = A = 3$.

2.2　上、下极限

定义 2.2　设 $\{a_n\} \subset \mathbb{R}$, 显然有

$$\sup_{k \geqslant 1} a_k \geqslant \sup_{k \geqslant 2} a_k \geqslant \cdots \geqslant \sup_{k \geqslant n} a_k \geqslant \cdots,$$

于是由实数基本定理 3 的 (6) 可知当 $\{a_n\}$ 为有界时 $\lim\limits_{n \to \infty} \sup\limits_{k \geqslant n} a_k$ 存在, 叫做 $\{a_n\}$ 的上极限, 记为

$$\overline{\lim_{n \to \infty}} a_n = \lim_{n \to \infty} \sup_{k \geqslant n} a_k.$$

类似地, 定义 $\{a_n\}$ 的下极限为

$$\underline{\lim_{n \to \infty}} a_n = \lim_{n \to \infty} \inf_{k \geqslant n} a_k.$$

另外, 当 $\{a_n\}$ 无上界时, 记 $\overline{\lim\limits_{n \to \infty}} a_n = \infty$, 又当 $\{a_n\}$ 无下界时, 记 $\underline{\lim\limits_{n \to \infty}} a_n = -\infty$.

命题 2.5　(1) $\sup\limits_n a_n \geqslant \overline{\lim\limits_{n \to \infty}} a_n \geqslant \underline{\lim\limits_{n \to \infty}} a_n \geqslant \inf\limits_n a_n$;

(2) $\lim\limits_{n \to \infty} a_n = a \Leftrightarrow \overline{\lim\limits_{n \to \infty}} a_n = \underline{\lim\limits_{n \to \infty}} a_n = a$.

证明　只证 (2). **充分性**　因为显然有

$$\sup_{k \geqslant n} a_k \geqslant a_n \geqslant \inf_{k \geqslant n} a_k \quad (\forall n \in \mathbb{N}),$$

故由夹挤定理立得 $\lim\limits_{n \to \infty} a_n = a$.

必要性　由假设知 $\forall \varepsilon > 0, \exists N \in \mathbb{N}$ 使得当 $n \geqslant N$ 时有

$$a - \frac{\varepsilon}{2} < a_n < a + \frac{\varepsilon}{2}.$$

于是得到

$$a - \varepsilon < \sup_{k \geqslant n} a_k \leqslant a + \frac{\varepsilon}{2} < a + \varepsilon \quad (\forall n \geqslant N),$$

即 $\varlimsup_{n\to\infty} a_n = \lim_{n\to\infty} \sup_{k\geqslant n} a_k = a$. 至于 $\varliminf_{n\to\infty} a_n = a$ 可类似证之.

命题 2.6 (1) $\varlimsup_{n\to\infty} (-a_n) = -\varliminf_{n\to\infty} a_n$, $\varliminf_{n\to\infty} (-a_n) = -\varlimsup_{n\to\infty} a_n$;

(2) $\varlimsup_{n\to\infty} a_n + \varlimsup_{n\to\infty} b_n \geqslant \varlimsup_{n\to\infty} (a_n + b_n) \geqslant \varlimsup_{n\to\infty} a_n + \varliminf_{n\to\infty} b_n$

$$\geqslant \varliminf_{n\to\infty} (a_n + b_n) \geqslant \varliminf_{n\to\infty} a_n + \varliminf_{n\to\infty} b_n$$

(该命题, 只要不出现 $\infty - \infty$ 的情形, 均可适用).

证明 只证 (2) 中的第一个不等式且设式中的上极限均存在.

事实上, 由命题 2.4 的 (2) 立得

$$\varlimsup_{n\to\infty} a_n + \varlimsup_{n\to\infty} b_n = \lim_{n\to\infty} \sup_{k\geqslant n} a_n + \lim_{n\to\infty} \sup_{k\geqslant n} b_n = \lim_{n\to\infty} (\sup_{k\geqslant n} a_k + \sup_{k\geqslant n} b_k)$$

$$\geqslant \lim_{n\to\infty} \sup_{k\geqslant n} (a_k + b_k) = \varlimsup_{n\to\infty} (a_n + b_n).$$

2.3 部分有序集与格

定义 2.3 一个非空集 X 称为部分有序集是指: 在 X 中定义了一个二元关系 $x \geqslant y$, 它满足

(P1) 对一切 $x \in X$ 有 $x \geqslant x$ (自反性);

(P2) 若 $x \geqslant y$ 且 $y \geqslant x$, 则 $x = y$ (反对称性);

(P3) 若 $x \geqslant y$ 且 $y \geqslant z$, 则 $x \geqslant z$ (传递性).

符号 $x \geqslant y$ 读作 x 大于或等于 y. 若 $x \geqslant y$ 但 $x \neq y$, 记为 $x > y$, 并称 x 大于 y. $x \geqslant y$ 也可以写成 $y \leqslant x$. 类似地, $x > y$ 可写成 $y < x$. 另外, 可将部分有序集记作 $(X, \geqslant)$. 又当 $\forall x, y \in X$ 均有 $x \geqslant y$ 或 $y \geqslant x$ 时称 $(X, \geqslant)$ 为全序集.

例 2.2 实数集 $\mathbb{R}$ 按通常意义下的 $x \geqslant y$ 是一个全序集.

例 2.3 设 X 为一非空集, $\mathscr{P}(X)$ 为 X 的所有子集 (包括 X 本身和空集 $\varnothing$) 的族, 并且在 $\mathscr{P}(X)$ 中按 $A \supset B$ 定义的 $A \geqslant B$ 是一个部分有序集.

任何有限的部分有序集 X 有如下的图形表示法: 用小圆表示 X 的元 $a, b, \cdots$, 又用连接 a 与 b 的线段并且 a 在 b 的上方表示 $a > b$ 且不存在 $x \in X$ 满足 $a > x > b$. 如有由下列图形所表示的部分有序集:

定义 2.4 设 $(X, \geqslant)$ 为部分有序集, A 为 X 的子集, 则 $a \in A$ 为 A 的最小元是指对一切 $x \in A$ 有 $x \geqslant a$. 对偶地, $b \in A$ 为 A 的最大元是指对一切 $x \in A$ 有 $b \geqslant x$. 又 $a \in A$ 为 A 的极小元是指不存在 $x \in X$ 使得 $a > x$, 而极大元可对偶地定义.

显然, 最小元必为极小元且最大元必为极大元, 但反之并不成立 (图 2.1, 图 2.2).

定义 2.5 设 $(X, \geqslant)$ 为部分有序集, A 是 X 的一个子集. $a \in X$ 为 A 的上界是指: 对一切 $x \in A$ 有 $a \geqslant x$; 又 $a \in X$ 为 A 的最小上界是指: a 为 A 的上界且对 A 的每一个上界 b 均有 $b \geqslant a$. 而下界和最大下界亦可对偶地定义.

定义 2.6　设 $(L, \geqslant)$ 是一个部分有序集, 如果对任何 $x, y \in L$ 必存在一个最小上界和一个最大下界, 分别记作 $x \vee y$ 和 $x \wedge y$, 则称 $(L, \wedge, \vee)$ 是一个格.

注意, x 与 y 的最小上界必唯一. 事实上, 如果 a, b 都是 x 与 y 的最小上界, 则由最小上界的定义知 $a \geqslant b$ 且 $b \geqslant a$, 于是由 (P2) 即得 $a = b$. 同样, x 与 y 的最大下界也必唯一.

显然, 图 2.3 是格, 而图 2.1 与图 2.2 不是格.

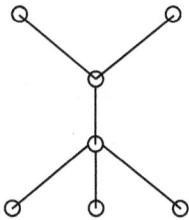 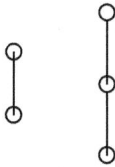 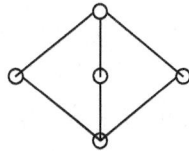

图 2.1　　　　　　　图 2.2　　　　　　　图 2.3

定义 2.7　设 $(L, \wedge, \vee)$ 是一个格. 若 L 的任一子集均有最小上界与最大下界, 则称 L 为完备格. 若 L 的任一有上界且有下界的子集均有最小上界与最大下界, 则称 L 为条件完备格.

注意例 2.2 中的 $\mathbb{R}$ 显然是一个条件完备格, 这时最小上界与最大下界就是通常的上确界 sup 与下确界 inf. 又 $[0, 1]$ 则是完备格.

另外, 显然 $\mathscr{P}(X)$ 也是一个格, 其中 $A \vee B = A \cup B$, $A \wedge B = A \cap B$, 并且还是一个完备格, 因为

$$\bigcup_{\tau \in \Omega} A_\tau, \quad \bigcap_{\tau \in \Omega} A_\tau.$$

分别是 $E = \{A_\tau\}_{\tau \in \Omega}$ 的最小上界与最大下界, 其中 $A_\tau \in \mathscr{P}(X)$ $(\forall \tau \in \Omega)$.

定理 2.1　设 L 为非空集, 并且在其上定义了两种二元运算 $\wedge$ 与 $\vee$, 则 $(L, \wedge, \vee)$ 是一个格当且仅当满足:

(L1) $x \wedge x - x$, $x \vee x - x$ (幂等律);

(L2) $x \wedge y = y \wedge x$, $x \vee y = y \vee x$ (交换律);

(L3) $x \wedge (y \wedge z) = (x \wedge y) \wedge z$, $x \vee (y \vee z) = (x \vee y) \vee z$ (结合律);

(L4) $x \wedge (x \vee y) = x$, $x \vee (x \wedge y) = x$ (吸收律).

证明　必要性　只证 (L3) 的第 1 个等式, 其余等式的证明作为习题.

事实上, 命 $a = x \wedge (y \wedge z)$, $b = (x \wedge y) \wedge z$, 则由运算 $\wedge$ 表示取最大下界可知 a 为 x 与 $y \wedge z$ 的下界, 从而 a 更为 $\{x, y, z\}$ 的下界, 于是 a 也为 $(x \wedge y)$ 与 z 的下界, 即 $a \leqslant b$. 同样可得 $b \leqslant a$. 因此 $a = b$, 即 (L3) 的第 1 个等式成立.

充分性　定义 $x \geqslant y$ 指的是 $x \wedge y = y$ $(\forall x, y \in L)$, 则有

(P1) 因为对任何 $x \in L$, 由 (L1) 有 $x \wedge x = x$, 故 $x \geqslant x$ 成立.

(P2) 若 $x \geqslant y$ 且 $y \geqslant x$, 则有 $x \wedge y = y$ 和 $y \wedge x = x$. 由 (L2) 知 $x \wedge y = y \wedge x$, 故得 $x = y$.

(P3) 若 $x \geqslant y$ 且 $y \geqslant z$, 则有 $x \wedge y = y$ 和 $y \wedge z = z$, 故由 (L3) 有

$$x \wedge z = x \wedge (y \wedge z) = (x \wedge y) \wedge z = y \wedge z = z,$$

即 $x \geqslant z$.

这表明 $(L, \geqslant)$ 为部分有序集.

今证 $\forall x, y \in L$, $x \wedge y$ 为 x 与 y 的最大下界, $x \vee y$ 为 x 与 y 的最小上界. 从而 $(L, \wedge, \vee)$ 就是一个格.

事实上, 因为由 (L3) 与 (L1) 知

$$x \wedge (x \wedge y) = (x \wedge x) \wedge y = x \wedge y,$$

即 $x \geqslant x \wedge y$. 同样可得

$$y \wedge (y \wedge x) = (y \wedge y) \wedge x = y \wedge x,$$

再由 (L2) 便有 $y \geqslant y \wedge x = x \wedge y$. 所以, $x \wedge y$ 是 x 与 y 的一个下界. 注意到若 z 为 x 与 y 的任一下界, 则有 $x \geqslant z$ 和 $y \geqslant z$, 即有 $x \wedge z = z$ 和 $y \wedge z = z$. 于是由 (L3) 可得

$$(x \wedge y) \wedge z = x \wedge (y \wedge z) = x \wedge z = z,$$

即有 $x \wedge y \geqslant z$. 这表明 $x \wedge y$ 是 x 与 y 的最大下界.

另外, 当 $x \wedge y = y$ 时, 由 (L4) 有

$$x \vee y = x \vee (x \wedge y) = x.$$

反之, 当 $x \vee y = x$ 时, 由 (L2) 与 (L4) 又有

$$x \wedge y = y \wedge x = y \wedge (x \vee y) = y \wedge (y \vee x) = y.$$

这表明 $x \geqslant y$ 又相当于 $x \vee y = x$, 从而类似于前段的证明即知 $x \vee y$ 是 x 与 y 的最小上界.

注 2.5 关于部分有序集和格的有关知识, 有兴趣的读者不妨查阅文献 [5] 的第 1 章和第 2 章.

第3章   函数的半连续性、一致连续性与等度连续性

3.1   函数极限与函数连续性和半连续性

定义 3.1   设函数 $f(x)$ 在 x_0 的某邻域 U, 除 x_0 外有定义, A 为实数. 若对任何 $\varepsilon > 0$, 存在 $\delta > 0$ 使得当 $x \in U$ 且 $0 < |x - x_0| < \delta$, 即 $x_0 - \delta < x < x_0$ 或 $x_0 < x < x_0 + \delta$ 时, 均有

$$|f(x) - A| < \varepsilon,$$

则称 $f(x)$ 在 x_0 处以 A 为极限, 记作 $\lim\limits_{x \to x_0} f(x) = A$ 或 $f(x) \to A \ (x \to x_0)$.

如果只对 $x_0 - \delta < x < x_0$(或 $x_0 < x < x_0 + \delta$) 的 x 有 $|f(x) - A| < \varepsilon$, 那么就称 A 为 $f(x)$ 在 x_0 处的左 (或右) 极限, 可记作 $\lim\limits_{x \to x_0^-} f(x)$(或 $\lim\limits_{x \to x_0^+} f(x)$), $\lim\limits_{x \to x_0 - 0} f(x)$(或 $\lim\limits_{x \to x_0 + 0} f(x)$) 和 $f(x_0 - 0)$(或 $f(x_0 + 0)$).

注 3.1   对 $f(x)$ 在 x_0 处的左、右极限而言, 可以只要求 $f(x)$ 在 x_0 的左侧或右侧有定义. 容易看出:

$$\lim\limits_{x \to x_0} f(x) = A \Leftrightarrow \lim\limits_{x \to x_0^-} f(x) = \lim\limits_{x \to x_0^+} f(x) = A.$$

由 "教程" 有如下命题中的 (1)~(3).

命题 3.1   设 $\lim\limits_{x \to x_0} f(x) = A$, $\lim\limits_{x \to x_0} g(x) = B$, 则有

(1) $\lim\limits_{x \to x_0} (f(x) \pm g(x)) = \lim\limits_{x \to x_0} f(x) \pm \lim\limits_{x \to x_0} g(x) \ (= A \pm B)$;

(2) $\lim\limits_{x \to x_0} f(x)g(x) = \lim\limits_{x \to x_0} f(x) \cdot \lim\limits_{x \to x_0} g(x) \ (= A \cdot B)$;

(3) 当 $B \neq 0$ 时 $\lim\limits_{x \to x_0} \dfrac{f(x)}{g(x)} = \dfrac{\lim\limits_{x \to x_0} f(x)}{\lim\limits_{x \to x_0} g(x)} \ \left(= \dfrac{A}{B}\right)$;

(4) 设 $f(x) = a_0 x^n + \cdots + a_{n-1} x + a_n$, $g(x) = b_0 x^m + \cdots + b_{m-1} x + b_m$ 且 $g(x_0) \neq 0$, 则有 $\lim\limits_{x \to x_0} \dfrac{f(x)}{g(x)} = \dfrac{f(x_0)}{g(x_0)}$.

证明   只证 (4). 因为由 (2) 知 $\forall k \in \mathbb{N}$ 有 $\lim\limits_{x \to x_0} x^k = x_0^k$, 再由 (1) 与 (2) 又可得

$$\lim\limits_{x \to x_0} f(x) = a_0 \lim\limits_{x \to x_0} x^n + \cdots + a_{n-1} \lim\limits_{x \to x_0} x + a_n = f(x_0),$$

$$\lim\limits_{x \to x_0} g(x) = b_0 \lim\limits_{x \to x_0} x^m + \cdots + b_{m-1} \lim\limits_{x \to x_0} x + b_m = g(x_0),$$

故由 (3) 便有 $\lim\limits_{x \to x_0} \dfrac{f(x)}{g(x)} = \dfrac{f(x_0)}{g(x_0)}$.

注 3.2　命题 3.1 对左、右极限也有相应的结论成立.

对分段 (表示) 的函数, 在分段处的极限必须分别对该点的左、右极限来讨论.

例 3.1　设 $f(x) = \begin{cases} x^2, & 0 < x \leqslant 1, \\ 1, & x = 0, \\ x^3 + x, & -1 \leqslant x < 0, \end{cases}$　则由命题 3.1 立得

$$\lim_{x \to 0+0} f(x) = \lim_{x \to 0+0} x^2 = 0, \quad \lim_{x \to 0-0} f(x) = \lim_{x \to 0-0} (x^3 + x) = 0.$$

这表明 $\lim_{x \to 0} f(x) = 0$ 存在, 但不等于 $f(0) = 1$.

命题 3.2　$\lim_{x \to x_0} f(x) = A$ 当且仅当对任何 $x_n \to x_0$ $(n \to \infty)$ 且 $x_n \neq x_0$ $(\forall n \in \mathbb{N})$ 有 $\lim_{n \to \infty} f(x_n) = A$.

证明　易知必要性自然成立. 今只证充分性.

若 $\lim_{x \to x_0} f(x) = A$ 不成立, 根据定义 3.1 存在 $\varepsilon_0 > 0$ 使得对任何 $\delta > 0$ 可找到 $x_\delta \in U$ 且 $0 < |x_\delta - x_0| < \delta$ 满足

$$|f(x_\delta) - A| \geqslant \varepsilon_0.$$

这等价于存在 $\varepsilon_0 > 0$ 使得 $\forall n \in \mathbb{N}$ 可找到 $x_n \in U$ 且 $0 < |x_n - x_0| < \dfrac{1}{n}$ 满足

$$|f(x_n) - A| \geqslant \varepsilon_0.$$

这又等价于存在 $\varepsilon_0 > 0$ 和 $x_n \in U$ 且 $0 < |x_n - x_0| < \dfrac{1}{n}$ 使得

$$|f(x_n) - A| \geqslant \varepsilon_0 \quad (n = 1, 2, \cdots),$$

即 $\lim_{n \to \infty} f(x_n) = A$ 不成立, 其中 $x_n \to x_0$ $(n \to \infty)$ 且 $x_n \neq x_0$ $(\forall n \in \mathbb{N})$, 于是得到矛盾.

定义 3.2　设 $f(x)$ 定义在某区间 I(I 可以是闭区间 $[a,b]$, 开区间 (a,b), 半开半闭区间 $(a,b]$ 与 $[a,b)$, 以及无穷区间 $[b,\infty)$, (b,∞), $(-\infty,a]$ 和 $(-\infty,a)$). 给定 $x_0 \in I$, 若

$$\lim_{x \to x_0} f(x) = f(x_0) \quad (= f(\lim_{x \to x_0} x)),$$

则称 $f(x)$ 在 x_0 处连续. 又当

$$\lim_{x \to x_0 - 0} f(x) = f(x_0) \quad (\lim_{x \to x_0 + 0} f(x) = f(x_0))$$

时称 $f(x)$ 在 x_0 处为左 (右) 连续.

由定义 3.1 即可看出定义 3.2 等价于

定义 3.2′　设 $f(x)$ 定义在某区间 I 上, $x_0 \in I$. 若对任何 $\varepsilon > 0$ 存在 $\delta > 0$ 使当 $x \in I$ 且 $|x - x_0| < \delta$(即 $x_0 - \delta < x < x_0 + \delta$) 时有

$$|f(x) - f(x_0)| < \varepsilon \quad (\text{i.e.} f(x_0) - \varepsilon < f(x) < f(x_0) + \varepsilon),$$

则称 $f(x)$ 在 x_0 处连续. 如果只对满足 $x_0 - \delta < x < x_0$ $(x_0 < x < x_0 + \delta)$ 的 x 有

$$|f(x) - f(x_0)| < \varepsilon,$$

那么就称 $f(x)$ 在 x_0 处为左 (右) 连续.

定义 3.3　在定义 3.2 中如果要求当 $x \in I$ 且 $|x - x_0| < \delta$ 时只满足

$$f(x) < f(x_0) + \varepsilon \quad (f(x) > f(x_0) - \varepsilon),$$

则称 $f(x)$ 在 x_0 处为上 (下) 半连续.

又当对每一个 $x_0 \in I$ 均有 $f(x)$ 在 x_0 处恒为上 (下) 半连续或恒为连续, 就称 $f(x)$ 在区间 I 为上 (下) 半连续或连续, 也称 $f(x)$ 是区间 I 上的上 (下) 半连续函数或连续函数.

注 3.3　显然, 有

(1) $f(x)$ 在 x_0 处为连续当且仅当 $f(x)$ 在 x_0 处为左连续且右连续;

(2) $f(x)$ 在 x_0 处为连续当且仅当 $f(x)$ 在 x_0 处为上半且下半连续.

定理 3.1　若 $f(x)$ 在 $[a,b]$ 上为上 (下) 半连续, 则 $f(x)$ 在 $[a,b]$ 上必有上 (下) 界, 即存在 $M \in \mathbb{R}$ 使得

$$f(x) \leqslant M \ (f(x) \geqslant M), \quad \forall x \in [a,b].$$

证明　只证上半连续情形. 用反证法.

若 $f(x)$ 在 $[a,b]$ 上没有上界, 则有 $x_n \in [a,b]$ 使得

$$f(x_n) > n \quad (\forall n \in \mathbb{N}). \tag{3.1}$$

因为由第 1 章实数基本定理 2 的 (4), 存在子列 $\{x_{n_k}\}$ 和 $x_0 \in \mathbb{R}$ 使得 $x_{n_k} \to x_0 \ (k \to \infty)$, 又由 $[a,b]$ 为闭区间可得 $x_0 \in [a,b]$, 再由 $f(x)$ 在 x_0 处为上半连续可知存在 $\delta > 0$ 使得当 $x \in [a,b]$ 且 $|x - x_0| < \delta$ 时有

$$f(x) < f(x_0) + 1.$$

另外, 由 $x_{n_k} \to x_0 \ (k \to \infty)$ 知存在 $N \in \mathbb{N}$ 使得当 $k \geqslant N$ 时有 $|x_{n_k} - x_0| < \delta$, 因此得到

$$f(x_{n_k}) < f(x_0) + 1 \quad (\forall k \geqslant N).$$

取 $k_0 \geqslant N$ 满足 $k_0 \geqslant f(x_0) + 1$, 则有

$$f(x_{n_k}) < k_0 \leqslant n_{k_0} \leqslant n_k \quad (\forall k \geqslant k_0).$$

这与式 (3.1) 矛盾. 从而定理获证.

由注 3.3 的 (2) 立得

推论 3.1　若 $f(x)$ 在 $[a,b]$ 上连续, 则 $f(x)$ 在 $[a,b]$ 上必有界, 即既有上界, 又有下界.

类似于数列的上 (下) 极限, 也可以定义函数在一点处的上 (下) 极限.

定义 3.4　设 $f(x)$ 定义在某区间 I 上, $x_0 \in I$. 则定义 $f(x)$ 在 x_0 处的上 (下) 极限为

$$\varlimsup_{x \to x_0} f(x) = \lim_{\delta \to 0^+} \sup_{0 < |x - x_0| < \delta,\ x \in I} f(x) \quad \left(\varliminf_{x \to x_0} f(x) = \lim_{\delta \to 0^+} \inf_{0 < |x - x_0| < \delta,\ x \in I} f(x) \right).$$

命题 3.3　设 $f(x)$ 定义在某区间 I 上, $x_0 \in I$. 则下列命题等价:

(1) $f(x)$ 在 x_0 处为上 (下) 半连续;

(2) $\varlimsup\limits_{x \to x_0} f(x) \leqslant f(x_0)$ $\left(\varliminf\limits_{x \to x_0} f(x) \geqslant f(x_0) \right)$;

(3) 对任何 $x_n \in I$ 且 $x_n \to x_0$ $(n \to \infty)$ 有 $\varlimsup\limits_{n \to \infty} f(x_n) \leqslant f(x_0)$ $\left(\varliminf\limits_{n \to \infty} f(x_n) \geqslant f(x_0) \right)$.

证明　也只证上半连续情形.

(1)$\Rightarrow$(2)　因为对任何 $\varepsilon > 0$ 存在 $\delta > 0$ 使得当 $0 < |x - x_0| < \delta$ 且 $x \in I$ 时有 $f(x) < f(x_0) + \varepsilon$, 故由定义 3.4 可得

$$\varlimsup_{x \to x_0} f(x) \leqslant \sup_{0 < |x - x_0| < \delta,\ x \in I} f(x) \leqslant f(x_0) + \varepsilon,$$

再由 ε 的任意性即知 $\varlimsup\limits_{x \to x_0} f(x) \leqslant f(x_0)$.

(2)$\Rightarrow$(3)　显然.

(3)$\Rightarrow$(1)　如若不然, 就有 $\varepsilon_0 > 0$ 和 $x_n \in I$ 且 $0 < |x_n - x_0| < \dfrac{1}{n}$ 使得

$$f(x_n) \geqslant f(x_0) + \varepsilon_0 \quad (\forall n \in \mathbb{N}).$$

由此可见

$$\varlimsup_{n \to \infty} f(x_n) \geqslant f(x_0) + \varepsilon_0 > f(x_0),$$

于是得到矛盾.

定理 3.2　若 $f(x)$ 在 $[a, b]$ 上为上 (下) 半连续, 则 $f(x)$ 在 $[a, b]$ 上必可达到最大 (最小) 值, 即必可达到其上 (下) 确界.

证明　如同定理 3.1, 只证上半连续情形.

由定理 3.1 和注 2.3 知 $M = \sup\limits_{x \in [a, b]} f(x)$ 存在, 再由命题 2.1 的 (1) 知存在 $x_n \in [a, b]$ 使得

$$f(x_n) > M - \frac{1}{n} \quad (\forall n \in \mathbb{N}).$$

于是根据第 1 章实数基本定理 2 的 (4) 就有 $x_{n_k} \in [a, b]$ 和 $x_0 \in [a, b]$ 使得 $x_{n_k} \to x_0$ $(k \to \infty)$, 从而利用命题 3.3 立得

$$f(x_0) \geqslant \varlimsup_{k \to \infty} f(x_{n_k}) \geqslant \varlimsup_{k \to \infty} \left(M - \frac{1}{n_k} \right) = M.$$

这表明 $f(x_0) = M$. 即定理得证.

同样, 由注 3.3 的 (2) 就有

推论 3.2　若 $f(x)$ 在 $[a,b]$ 上连续, 则 $f(x)$ 在 $[a,b]$ 上必可达到最大值与最小值.

例 3.2　设 $f(x) = \begin{cases} 1, & 0 < x \leqslant 1, \\ c, & x = 0, \\ -1, & -1 \leqslant x < 0, \end{cases}$　其中 $c \in \mathbb{R}$, 试讨论 $f(x)$ 在 $x = 0$ 处的连续性.

解　(1) 显然, $\overline{\lim\limits_{x \to 0}} f(x) = 1$, $\underline{\lim\limits_{x \to 0}} f(x) = -1$, 于是有

当 $c \geqslant 1$ 时有 $f(0) \geqslant \overline{\lim\limits_{x \to 0}} f(x)$, 即 $f(x)$ 在 $x = 0$ 处为上半连续;

当 $c \leqslant -1$ 时有 $f(0) \leqslant \underline{\lim\limits_{x \to 0}} f(x)$, 即 $f(x)$ 在 $x = 0$ 处为下半连续;

当 $c \in (-1, 1)$ 时 $f(x)$ 在 $x = 0$ 处既不上半, 也不下半连续.

(2) 因为 $\lim\limits_{x \to 0^+} f(x) = 1$, $\lim\limits_{x \to 0^-} f(x) = -1$, 所以

当 $c = 1$ 时 $f(x)$ 在 $x = 0$ 处为右连续;

当 $c = -1$ 时 $f(x)$ 在 $x = 0$ 处为左连续;

当 $c \neq 1$ 且 $c \neq -1$ 时 $f(x)$ 在 $x = 0$ 处既不左连续, 也不右连续.

(3) 对任何 $c \in \mathbb{R}$, $f(x)$ 在 $x = 0$ 处不连续 (这由 $f(0) = c$ 和 (1), (2) 即得), 并且此时恒有 $\lim\limits_{x \to 0^+} f(x) \neq \lim\limits_{x \to 0^-} f(x)$.

注 3.4　这种左、右极限均存在的 $f(x)$ 的不连续点 x_0 称为 $f(x)$ 的第一类间断点. 特别当 $\lim\limits_{x \to x_0^+} f(x) = \lim\limits_{x \to x_0^-} f(x) \neq f(x_0)$ 时, 称这种第一类间断点 x_0 为 $f(x)$ 的可去间断点. 间断点 x_0 之所以称为 "可去", 是因为如果只改变 $f(x)$ 在 x_0 处的值为 $\lim\limits_{x \to x_0} f(x)$, 则 $f(x)$ 即可在 $x = x_0$ 处为连续. 关于 $f(x)$ 的间断点 x_0 还有第二类之说, 也就是非第一类的间断点, 即 $\lim\limits_{x \to x_0^+} f(x)$ 与 $\lim\limits_{x \to x_0^-} f(x)$ 中至少有一个不存在, 如例 3.3.

例 3.3　设 $f(x) = \begin{cases} \sin\dfrac{1}{x}, & 0 < |x| \leqslant 1, \\ c, & x = 0, \end{cases}$　其中 $c \in \mathbb{R}$.

因为取 $x_n = \dfrac{1}{2n\pi + \dfrac{\pi}{2}}$, $x_n' = \dfrac{1}{2n\pi - \dfrac{\pi}{2}}$ $(\forall n \in \mathbb{N})$, 则有

$$\lim_{n \to \infty} f(x_n) = \lim_{n \to \infty} \sin\left(2n\pi + \frac{\pi}{2}\right) = 1, \quad \lim_{n \to \infty} f(x_n') = \lim_{n \to \infty} \sin\left(2n\pi - \frac{\pi}{2}\right) = -1,$$

故 $\lim\limits_{x \to 0^+} f(x)$ 不存在, 即 $x = 0$ 为 $f(x)$ 的第二类间断点.

又易见 $\overline{\lim\limits_{x \to 0}} f(x) = 1$, $\underline{\lim\limits_{x \to 0}} f(x) = -1$, 由命题 3.3 的 (2) 便知: 当 $c \geqslant 1$ 时 $f(x)$ 在 $x = 0$ 处为上半连续; 当 $c \leqslant -1$ 时 $f(x)$ 在 $x = 0$ 处为下半连续.

闭区间上连续函数的重要性质, 除推论 3.1 与推论 3.2 外, 还有所谓的零点存在定理与介值定理.

定理 3.3 若 $f(x)$ 在 $[a,b]$ 上连续且 $f(a) \cdot f(b) < 0$(即有 $f(a) < 0, f(b) > 0$ 或者 $f(a) > 0, f(b) < 0$), 则必有 $\eta \in (a,b)$ 使得

$$f(\eta) = 0.$$

证明 只证 $f(a) < 0, f(b) > 0$ 的情形.

若不然, 则对任何 $x \in [a,b]$ 均有

$$f(x) \neq 0.$$

若 $f(x) > 0$, 则由连续性定义易知存在 $\delta_x > 0$ 使得当 $z \in (x - \delta_x, x + \delta_x)$ 时恒有

$$f(z) > 0.$$

同样, 当 $f(x) < 0$ 时也存在 $\delta_x > 0$ 使得当 $w \in (x - \delta_x, x + \delta_x)$ 时都有

$$f(w) < 0.$$

显然, 开区间族

$$\{(x - \delta_x, x + \delta_x)\}_{x \in [a,b]}$$

是 $[a,b]$ 的一个覆盖. 因此, 由第 1 章实数基本定理 2 的 (5) 便知有 $x_1, x_2, \cdots, x_N \in [a,b]$ 使得有限多个开区间

$$\{(x_k - \delta_{x_k}, x_k + \delta_{x_k})\}_{k=1}^{N}$$

也是 $[a,b]$ 的一个覆盖, 并且还不妨设 $x_1 < x_2 < \cdots < x_N$, 而该覆盖也不再有多余的开区间.

由此不难看出: 必定存在 k_0 $(1 \leqslant k_0 < N)$ 使得有

$$\begin{cases} f(z) < 0, & \forall z \in (x_{k_0} - \delta_{x_{k_0}}, x_{k_0} + \delta_{x_{k_0}}), \\ f(w) > 0, & \forall w \in (x_{k_0+1} - \delta_{x_{k_0+1}}, x_{k_0+1} + \delta_{x_{k_0+1}}) \end{cases}$$

成立. 注意到 $(x_{k_0} - \delta_{x_{k_0}}, x_{k_0} + \delta_{x_{k_0}})$ 与 $(x_{k_0+1} - \delta_{x_{k_0+1}}, x_{k_0+1} + \delta_{x_{k_0+1}})$ 是 $[a,b]$ 的覆盖中的两个相邻开区间, 这样在它们相交的小区间内任取一点 x_0, 自然就有

$$f(x_0) < 0, \quad f(x_0) > 0$$

都成立的矛盾出现, 于是定理得证.

定理 3.4 若 $f(x)$ 在 $[a,b]$ 上连续且 $f(a) < f(b)$(或 $f(a) > f(b)$), 则对任何 $c \in (f(a), f(b))$(或 $c \in (f(b), f(a))$) 必有 $\eta \in (a,b)$ 使得

$$f(\eta) = c.$$

证明 作辅助函数 $F(x) = f(x) - c$, 只就 $c \in (f(a), f(b))$ 的情形给出证明. 因此时有

$$F(a) = f(a) - c < 0, \quad F(b) = f(b) - c > 0,$$

故由定理 3.3 立得存在 $\eta \in (a,b)$ 满足 $F(\eta) = f(\eta) - c = 0$, 即 $F(\eta) = c$.

注 3.5　定理 3.3 与定理 3.4 对 $[a, b]$ 上的上半连续函数或下半连续函数均不成立. 事实上, 由命题 3.3 易知例 3.1 中的 $f(x)$ 是 $[-1, 1]$ 上的上半连续函数且 $f(-1) = -2 < 0$, $f(1) = 1 > 0, 0 \in (f(-1), f(1))$, 但不存在 $x \in (-1, 1)$ 使得 $f(x) = 0$. 对下半连续函数情形可利用例 3.2 中的 $c \leqslant -1$ 来说明之.

在实变函数书中有这样的习题:

"$f(x)$ 在 $[a, b]$ 上连续 $\Leftrightarrow$ 对任何 $c \in \mathbb{R}$, 集合

$$\{x \in [a, b] : f(x) \geqslant c\}, \quad \{x \in [a, b] : f(x) \leqslant c\}$$

均为闭集"($\Leftarrow$ 见文献 [1] 56 页习题 41, $\Rightarrow$ 见文献 [6] 16 页习题 2).

其实该题是下述定理的一个推论.

定理 3.5　$f(x)$ 在 $[a, b]$ 上为上 (下) 半连续 $\Leftrightarrow \forall c \in \mathbb{R}$ 有

$$\{x \in [a, b] : f(x) \geqslant c\} \quad (\{x \in [a, b] : f(x) \leqslant c\})$$

均为闭集.

证明　只证上半连续情形.

必要性　给定 $c \in \mathbb{R}$. 设 $x_n \in [a, b], f(x_n) \geqslant c \ (\forall n \in \mathbb{N})$ 且 $x_n \to x_0 \ (n \to \infty)$, 则由命题 3.3 知 $f(x_0) \geqslant \varlimsup\limits_{n \to \infty} f(x_n) \geqslant c$, 即 $\{x \in [a, b] : f(x) \geqslant c\}$ 为闭集.

充分性　否则有 $x_0 \in [a, b]$ 使得 $f(x)$ 在 x_0 处不上半连续, 由命题 3.3 就有 $x_n \in [a, b]$, $x_n \to x_0 \ (n \to \infty)$ 满足 $\varlimsup\limits_{n \to \infty} f(x_n) > f(x_0)$, 即有 $\varepsilon_0 \in (0, \varlimsup\limits_{n \to \infty} f(x_n) - f(x_0))$ 使得

$$\varlimsup_{n \to \infty} f(x_n) > f(x_0) + \varepsilon_0.$$

根据上极限定义可知存在 $N \in \mathbb{N}$ 满足

$$\sup_{k \geqslant n} f(x_k) > f(x_0) + \frac{\varepsilon_0}{2} \quad (\forall n \geqslant N).$$

再由上确界定义和命题 2.1 又知存在 $n_k \geqslant N$ 且 $n_{k+1} > n_k$ 使得

$$f(x_{n_k}) > f(x_0) + \frac{\varepsilon_0}{4} \quad (\forall k \in \mathbb{N}).$$

取 $c = f(x_0) + \frac{\varepsilon_0}{4}$, 因 $x_{n_k} \in \{x \in [a, b] : f(x) \geqslant c\}$ 且 $x_{n_k} \to x_0 \ (k \to \infty)$, 故由假设有 $x_0 \in \{x \in [a, b] : f(x) \geqslant c\}$, 从而得到

$$f(x_0) \geqslant f(x_0) + \frac{\varepsilon_0}{4}$$

出现矛盾, 因而 $f(x)$ 在 $[a, b]$ 上为上半连续.

3.2   函数的一致连续性

定义 3.5   函数 $f(x)$ 在区间 I 上为一致连续是指: 对任何 $\varepsilon > 0$ 存在 $\delta > 0$ 使当 $|x' - x''| < \delta$ 且 $x', x'' \in I$ 时有

$$|f(x') - f(x'')| < \varepsilon,$$

这里 I 可以是开、闭、半开半闭或无限区间.

注 3.6   注意一致连续性是函数在整个区间上的一种特性, 而连续性则是函数在一点处的一种特性. 也可以说, 前者是整体性质, 后者是局部性质, 从这个角度看, 两者大不相同. 其 "一致性" 体现在对给定的 $\varepsilon > 0$ 可找到一个与 x 无关的 "一致的" $\delta > 0$, 从而当 $f(x)$ 在区间 I 上为一致连续时自然也就在 I 的每一点连续, 即为 I 上的连续函数.

由定义 3.5 知: $f(x)$ 在 I 上不一致连续

$\Leftrightarrow \exists \varepsilon_0 > 0$ 使得 $\forall \delta > 0$, $\exists x'_\delta, x''_\delta \in I$, 虽然 $|x'_\delta - x''_\delta| < \delta$, 但 $|f(x'_\delta) - f(x''_\delta)| \geqslant \varepsilon_0$

$\Leftrightarrow \exists \varepsilon_0 > 0$ 使得 $\forall n \in \mathbb{N}$, $\exists x'_n, x''_n \in I$, 虽然 $|x'_n - x''_n| < \dfrac{1}{n}$, 但 $|f(x'_n) - f(x''_n)| \geqslant \varepsilon_0$

$\Leftrightarrow \exists x'_n, x''_n \in I \ (\forall n \in \mathbb{N})$ 使得 $x'_n - x''_n \to 0 \ (n \to \infty)$, 但 $f(x'_n) - f(x''_n) \to 0 \ (n \to \infty)$ 不成立.

例 3.4 $f(x) = \dfrac{1}{x}$ 在 $(0,1]$ 上连续, 但不一致连续.

证明   由命题 3.1 的 (4) 便知 $f(x)$ 在 $(0,1]$ 上连续. 因为取 $x'_n = \dfrac{1}{n}$, $x''_n = \dfrac{1}{n+1}$ $(\forall n \in \mathbb{N})$, 则有

$$x'_n - x''_n = \frac{1}{n(n+1)} \to 0 \ (n \to \infty),$$

$$f(x'_n) \quad f(x''_n) = 1 \ (\forall n \subset \mathbb{N}).$$

所以 $f(x'_n) - f(x''_n) \to 0 \ (n \to \infty)$ 不成立, 即 $f(x)$ 在 $(0,1]$ 上不一致连续.

对于闭区间上的连续函数还有一个重要性质, 即

定理 3.6   若 $f(x)$ 在 $[a,b]$ 上连续, 则 $f(x)$ 在 $[a,b]$ 上也一致连续.

证明   如果 $f(x)$ 在 $[a,b]$ 上不一致连续, 那么就有 $\varepsilon_0 > 0$ 和 $x'_n, x''_n \in I$ 且 $|x'_n - x''_n| < \dfrac{1}{n}$, 使得

$$|f(x'_n) - f(x''_n)| \geqslant \varepsilon_0 \quad (\forall n \in \mathbb{N}). \tag{3.2}$$

由第 1 章实数基本定理 2 的 (4), 有子列 $\{x'_{n_k}\}$ 和 $x'_0 \in [a,b]$, 使得 $x'_{n_k} \to x'_0 \ (k \to \infty)$. 再由实数基本定理 2 的 (4), 又有 $\{x''_{n_k}\}$ 的子列 $\{x''_{n_{k_l}}\}$ 和 $x''_0 \in [a,b]$, 使得 $x''_{n_{k_l}} \to x''_0 \ (l \to \infty)$. 从而由 $x'_{n_{k_l}} - x''_{n_{k_l}} \to 0 \ (l \to \infty)$ 立得 $x'_0 = x''_0$, 并记为 x_0. 于是由 $f(x)$ 在 x_0 处连续即得

$$\lim_{l \to \infty} f(x'_{n_{k_l}}) = f(x_0), \quad \lim_{l \to \infty} f(x''_{n_{k_l}}) = f(x_0).$$

由此容易看出 $\lim\limits_{l \to \infty} |f(x'_{n_{k_l}}) - f(x''_{n_{k_l}})| = 0$, 因而存在 $N \in \mathbb{N}$ 使得

$$|f(x'_{n_{k_l}}) - f(x''_{n_{k_l}})| < \varepsilon_0 \quad (\forall l \geqslant N).$$

这和式 (3.2) 发生矛盾.

命题 3.4　若 $f(x)$ 在 (a,b) 内一致连续, 则 $f(x)$ 在 (a,b) 内有界.

证明　只证 $f(x)$ 在 (a,b) 内有上界. 若不然, 则有 $x_n \in (a,b)$ 使得

$$f(x_n) > n \quad (\forall n \in \mathbb{N}).$$

由第 1 章实数基本定理 2 的 (4), 就有子列 $\{x_{n_k}\}$ 和 $x_0 \in \mathbb{R}$(未必属于 (a,b)), 使得 $x_{n_k} \to x_0$ $(k \to \infty)$, 又由 $f(x)$ 在 (a,b) 内一致连续知, 存在 $\delta > 0$, 使当 $|x' - x''| < \delta$ 且 $x', x'' \in (a,b)$ 时, $|f(x') - f(x'')| < 1$ 成立, 再取 $k_0 \in \mathbb{N}$, 使当 $k \geqslant k_0$ 时, $|x_{n_k} - x_0| < \dfrac{\delta}{2}$, 即有

$$|x_{n_k} - x_{n_{k_0}}| \leqslant |x_{n_k} - x_0| + |x_0 - x_{n_{k_0}}| < \delta,$$

从而得到 $|f(x_{n_k}) - f(x_{n_{k_0}})| < 1$. 这表明

$$f(x_{n_k}) < f(x_{n_{k_0}}) + 1 \quad (\forall k \geqslant k_0),$$

于是发生矛盾.

注 3.7　函数 $f(x)$ 在 (a,b) 内为一致连续, 并不能保证 $f(x)$ 在 (a,b) 内必可达到最大值与最小值. $f(x) = x$ 就是一个例子, 它在 (a,b) 内一致连续, 但在 (a,b) 内不能达到最大值 b 和最小值 a.

命题 3.5　若 $f(x)$ 在 (a,b) 内连续, 则 $f(x)$ 在 (a,b) 内一致连续当且仅当 $\lim\limits_{x \to a+0} f(x)$ 和 $\lim\limits_{x \to b-0} f(x)$ 均存在.

证明　充分性　命 $F(x) = \begin{cases} f(x), & x \in (a,b), \\ f(a+0), & x = u, \\ f(b-0), & x = b, \end{cases}$　易知 $F(x)$ 在 $[a,b]$ 上连续, 故由定

理 3.6 可得 $F(x)$ 在 $[a,b]$ 上一致连续, 从而 $f(x)$ 在 (a,b) 内自然也一致连续.

必要性　由假设便知: $\forall \varepsilon > 0$, $\exists \delta > 0$, 使当 $|x' - x''| < \delta$ 且 $x', x'' \in (a,b)$ 时, 有 $|f(x') - f(x'')| < \varepsilon$, 特别当 $a < x', x'' < a + \delta$, $b - \delta < x'$, $x'' < b$ 时, 也有 $|f(x') - f(x'')| < \varepsilon$. 因此, 利用函数极限相应的柯西收敛准则 (其实借助第 1 章实数基本定理 1 的 (2) 和命题 3.2 可以给出它的证明, 读者不妨试之), 立即得到

$$\lim\limits_{x \to a+0} f(x), \quad \lim\limits_{x \to b-0} f(x)$$

都存在.

命题 3.6　设 $f(x)$ 在 $[a, +\infty)$ 上连续. 若 $\lim\limits_{x\to+\infty} f(x)$ 存在, 则 $f(x)$ 在 $[a, +\infty)$ 上一致连续.

证明　$\forall \varepsilon > 0$, 由 $\lim\limits_{x\to\infty} f(x)$ 存在, 易知 $\exists M > 0$, 使当 $x', x'' > M$ 时, 有 $|f(x') - f(x'')| < \varepsilon$, 又由 $f(x)$ 在 $[a, M+1]$ 上连续和定理 3.6, 得到 $f(x)$ 在 $[a, M+1]$ 上一致连续, 从而可知存在 $\delta > 0$ 且 $\delta < 1$, 使当 $|x' - x''| < \delta$ 且 $x', x'' \in [a, M+1]$ 时, 有 $|f(x') - f(x'')| < \varepsilon$. 总之, 当 $|x' - x''| < \delta$ 且 $x', x'' \in [a, +\infty)$ 时, 有

$$|f(x') - f(x'')| < \varepsilon,$$

即 $f(x)$ 在 $[a, +\infty)$ 上一致连续.

注 3.8　从 $f(x)$ 在 $[a, +\infty)$ 上一致连续并不能推出 $\lim\limits_{x\to\infty} f(x)$ 存在. 例如, $f(x) = x$ 在 $[0, +\infty)$ 上一致连续, 但 $\lim\limits_{x\to+\infty} f(x)\ (= +\infty)$ 并不存在.

例 3.5　用 ε-δ 语言证明 $f(x) = \sin x^2$ 在 $(-\infty, \infty)$ 上连续, 但不一致连续.

证明　(1) $\forall x_0 \in (-\infty, \infty)$, 证 $f(x)$ 在 x_0 处连续.

$\forall \varepsilon > 0$, 由于不等式 $|\cos x| \leqslant 1$, $|\sin x| \leqslant |x|$ 成立, 即可得到

$$|f(x) - f(x_0)| = |\sin x^2 - \sin x_0^2| = \left| 2\cos\frac{x^2 + x_0^2}{2} \sin\frac{x^2 - x_0^2}{2} \right|$$

$$\leqslant 2 \cdot 1 \cdot \left| \frac{x^2 - x_0^2}{2} \right| = |x + x_0||x - x_0|$$

$$\leqslant (|x| + |x_0|)|x - x_0|,$$

限制 $|x - x_0| < 1$ 就有

$$|x| \leqslant |x - x_0| + |x_0| < 1 + |x_0|,$$

于是欲使

$$|f(x) - f(x_0)| < (1 + 2|x_0|)|x - x_0| < \varepsilon,$$

只需选取 $\delta = \min\left\{ 1, \dfrac{\varepsilon}{1 + 2|x_0|} \right\}$, 则当 $|x - x_0| < \delta$ 时, 便有

$$|f(x) - f(x_0)| < \varepsilon,$$

即 $f(x)$ 在 x_0 处连续.

(2) 证 $f(x)$ 在 $(-\infty, \infty)$ 上不一致连续.

取 $x_n' = \sqrt{2n\pi + \dfrac{\pi}{2}}$, $x_n'' = \sqrt{2n\pi}$ $(\forall n \in \mathbb{N})$, 则有

$$x_n' - x_n'' = \sqrt{2n\pi + \frac{\pi}{2}} - \sqrt{2n\pi} = \frac{\left(2n\pi + \dfrac{\pi}{2} \right) - 2n\pi}{\sqrt{2n\pi + \dfrac{\pi}{2}} + \sqrt{2n\pi}}$$

$$= \frac{\pi}{2\left(\sqrt{2n\pi + \dfrac{\pi}{2}} + \sqrt{2n\pi} \right)} \to 0 \quad (n \to \infty),$$

$$f(x_n') - f(x_n'') = \sin\left(2n\pi + \frac{\pi}{2}\right) - \sin 2n\pi = 1 \nrightarrow 0 \quad (n \to \infty),$$

即 $f(x)$ 在 $(-\infty, \infty)$ 上不一致连续.

3.3　连续函数列的一致收敛性及等度连续性

定义 3.6　函数列 $\{f_n(x)\}$ 在区间 I 上一致收敛于 $f(x)$ 是指: 对任何 $\varepsilon > 0$, 存在 $N \in \mathbb{N}$ 使得当 $n \geqslant N$ 时有

$$|f_n(x) - f(x)| < \varepsilon \quad (\forall x \in I),$$

又 $\{f_n(x)\}$ 在 I 上收敛于 $f(x)$ 是指: 对任给的 $x \in I$ 有, 对任意 $\varepsilon > 0$ 存在 $N(x) \in \mathbb{N}$ 使得当 $n \geqslant N(x)$ 时

$$|f_n(x) - f(x)| < \varepsilon,$$

这里 I 可以是开、闭、半开半闭或无限区间.

类似于函数在区间上的一致连续性与连续性, 相应地函数列在区间上的一致收敛性与收敛性之间的区别为: 一致收敛性指的是在整个区间上是否成立, 而收敛性是指在区间的每一点处是否都成立.

换句话说, 函数列收敛的 "一致性" 就体现在对任给的 $\varepsilon > 0$, 可找到一个与 x 无关的 "一致" 的 $N \in \mathbb{N}$.

由定义 3.6 知: $\{f_n(x)\}$ 在 I 上不一致收敛于 $f(x) \Leftrightarrow \exists \varepsilon_0 > 0$ 使得 $\forall n \in \mathbb{N}$, $\exists$ 自然数 $k_n \geqslant n$ 和 $x_n \in I$ 满足

$$|f_{k_n}(x_n) - f(x_n)| \geqslant \varepsilon_0.$$

例 3.6　设 $f_n(x) = x^n \ (\forall x \in [0,1))$, $n \in \mathbb{N}$. 则易见 $\forall x \in [0,1)$ 满足 $\lim\limits_{n \to \infty} f_n(x) = 0$, 即 $\{f_n(x)\}$ 在 $[0,1)$ 上收敛于 $f(x) = 0 \ (\forall x \in [0,1))$. 但 $\{f_n(x)\}$ 在 $[0,1)$ 上不一致收敛于 $f(x)$, 这是因为取 $x_n = \left(\dfrac{n}{n+1}\right)^{\frac{1}{n}} \ (\forall n \in \mathbb{N})$, 则有

$$|f_n(x_n) - f(x_n)| = \frac{n}{n+1} \geqslant \frac{1}{2} \quad (\forall n \in \mathbb{N}).$$

定理 3.7　设 $\{f_n(x)\}$ 为区间 I 上的连续函数列. 若 $\{f_n(x)\}$ 在 I 上一致收敛于 $f(x)$, 则 $f(x)$ 在 I 上连续.

证明　任取 $x_0 \in I$, 则对任何 $\varepsilon > 0$, 由 $\{f_n(x)\}$ 在 I 上一致收敛于 $f(x)$ 知有 $N \in \mathbb{N}$ 使当 $n \geqslant N$ 时

$$|f_n(x) - f(x)| < \frac{\varepsilon}{3} \quad (\forall x \in I).$$

又由 $f_N(x)$ 在 x_0 处连续, 存在 $\delta > 0$ 使当 $|x - x_0| < \delta$ 且 $x \in I$ 时

$$|f_N(x) - f_N(x_0)| < \frac{\varepsilon}{3}.$$

总之, 当 $|x - x_0| < \delta$ 且 $x \in I$ 时有

$$|f(x) - f(x_0)| \leqslant |f(x) - f_N(x)| + |f_N(x) - f_N(x_0)| + |f_N(x_0) - f(x_0)|$$
$$< \frac{\varepsilon}{3} + \frac{\varepsilon}{3} + \frac{\varepsilon}{3} = \varepsilon,$$

即 $f(x)$ 在 x_0 处连续, 从而 $f(x)$ 在 I 上连续.

注 3.9　例 3.6 表明连续函数列 $\{x^n\}$ 在区间 $[0,1)$ 上收敛 (但不一致收敛) 于 $f(x) = 0$, $f(x)$ 在 $[0,1)$ 上连续; 可是, 在区间 $[0,1]$ 上该连续函数列则收敛 (但不一致收敛) 于 $f(x) = \begin{cases} 0, & x \in [0,1), \\ 1, & x = 1, \end{cases}$ 而 $f(x)$ 在 $[0,1]$ 上并不连续. 这就是说, 如果将定理 3.7 中 $\{f_n(x)\}$ 在 I 上 "一致收敛" 减弱成 "收敛", 则其极限函数 $f(x)$ 未必一定在 I 上连续.

因此, 产生如下两个问题:

(1) 寻找一种比一致收敛弱, 又比 (通常) 收敛强的 "收敛" 性概念, 使得在这种 "收敛" 意义下恰好保证连续函数列的极限函数仍为连续函数.

(2) 寻找 "连续函数列收敛于连续函数" 可推出 "收敛必为一致收敛" 的条件.

关于问题 (2), 文献 [7] 的 182 页定理 1.7 给出了一个充分条件, 即

命题 3.7 (Dini 定理)　设在 $[a,b]$ 上连续函数列 $\{f_n(x)\}$ 收敛于连续函数 $f(x)$. 若对每一 $x \in [a,b]$, $f_n(x)$ 随 n 而单调, 如

$$f_1(x) \leqslant f_2(x) \leqslant \cdots \leqslant f_n(x) \leqslant \cdots \quad (\forall x \in [a,b]),$$

则 $\{f_n(x)\}$ 在 $[a,b]$ 上一致收敛于 $f(x)$.

证明可看文献 [7], 此处从略, 也可自行以反证法和第 1 章实数基本定理 2 的 (4) 证之.

下面试图寻找相应的充分必要条件. 先从 "连续函数列 $\{f_n(x)\}$ 在 $[a,b]$ 上收敛于连续函数 $f(x)$" 可推出 "$\{f_n(x)\}$ 在 $[a,b]$ 上一致收敛于 $f(x)$" 出发, 探讨它的必要条件.

由 $\{f_n(x)\}$ 的一致收敛性知 $\forall \varepsilon > 0$, $\exists N \in \mathbb{N}$ 使当 $n \geqslant N$ 时

$$|f_n(x) - f(x)| < \frac{\varepsilon}{3} \quad (\forall x \in [a,b]).$$

又由 $f(x)$ 的一致连续性 (利用定理 3.6) 知, 这时 $\exists \delta > 0$ 使当 $|x' - x''| < \delta$ 且 $x', x'' \in [a,b]$ 时有

$$|f(x') - f(x'')| < \frac{\varepsilon}{3}.$$

这样一来, 立即可得: 当 $n \geqslant N$ 时

$$|f_n(x') - f_n(x'')| \leqslant |f_n(x') - f(x')| + |f(x') - f(x'')|$$
$$+ |f(x'') - f_n(x'')| < \varepsilon \quad (\forall x', x'' \in [a,b], \ |x' - x''| < \delta)$$

恒成立. 再注意到 $f_n(x)$ 在 $[a,b]$ 上一致连续 $(n=1,2,\cdots,N)$, 于是不难找到 $\delta_N > 0$ 使当 $|x' - x''| < \delta_N$ 且 $x', x'' \in [a,b]$ 时有

$$|f_n(x') - f_n(x'')| < \varepsilon \quad (n=1,2,\cdots,N).$$

从而得到: 取 $\delta_0 = \min\{\delta, \delta_N\}$, 则当 $|x' - x''| < \delta_0$ 且 $x', x'' \in [a,b]$ 时

$$|f_n(x') - f(x'')| < \varepsilon \quad (\forall n \in \mathbb{N}).$$

因此, 应该引入如下概念并且可以猜想到有下述充要条件:

定义 3.7　函数列 $\{f_n(x)\}$ 在 $[a,b]$ 上为等度连续是指: 对任何 $\varepsilon > 0$ 存在 $\delta > 0$, 使当 $|x' - x''| < \delta$ 且 $x', x'' \in [a,b]$ 时, 有

$$|f_n(x') - f_n(x'')| < \varepsilon \quad (\forall n \in \mathbb{N})$$

(显然, 当 $f_n(x) = f(x)$, $\forall n \in \mathbb{N}$ 时 $\{f_n(x)\}$ 在 $[a,b]$ 上的等度连续性就是 $f(x)$ 在 $[a,b]$ 上的一致连续性).

定理 3.8　连续函数列 $\{f_n(x)\}$ 在 $[a,b]$ 上收敛于连续函数 $f(x)$ 可推出 $\{f_n(x)\}$ 在 $[a,b]$ 上一致收敛于 $f(x)$ 的充要条件为 $\{f_n(x)\}$ 在 $[a,b]$ 上等度连续.

证明　由定义 3.7 之前的分析即知必要性已获证. 今证充分性.

事实上, 由 $\{f_n(x)\}$ 在 $[a,b]$ 上为等度连续知: $\forall \varepsilon > 0$, $\exists \delta_1 > 0$ 使当 $|x' - x''| < \delta_1$ 且 $x', x'' \in [a,b]$ 时有

$$|f_n(x') - f_n(x'')| < \frac{\varepsilon}{3} \quad (\forall n \in \mathbb{N}).$$

又由 $f(x)$ 在 $[a,b]$ 上连续, 从而一致连续知: $\exists \delta_2 > 0$ 使当 $|x' - x''| < \delta_2$ 且 $x', x'' \in [a,b]$ 时有 $|f(x') - f(x'')| < \frac{\varepsilon}{3}$. 取 $[a,b]$ 的分划: $a = x_0 < x_1 < \cdots < x_l = b$ 使得 $\max\limits_{1 \leqslant k \leqslant l}(x_k - x_{k-1}) < \delta = \min\{\delta_1, \delta_2\}$, 则因 $f_n(x_k) \to f(x_k)$ $(n \to \infty)$ 当 $0 \leqslant k \leqslant l$ 时均成立, 故存在 $N \in \mathbb{N}$ 使当 $n \geqslant N$ 时有

$$|f_n(x_k) - f(x_k)| < \frac{\varepsilon}{3} \quad (0 \leqslant k \leqslant l).$$

注意到 $\forall x \in [a,b]$ 必存在 $k(x)$ $(0 \leqslant k(x) \leqslant l)$ 使得 $|x - x_{k(x)}| < \delta$, 则综上可得当 $n \geqslant N$ 时

$$\begin{aligned} |f_n(x) - f(x)| &< |f_n(x) - f_n(x_{k(x)})| + |f_n(x_{k(x)}) - f(x_{k(x)})| \\ &\quad + |f(x_{k(x)}) - f(x)| < \varepsilon, \quad \forall x \in [a,b], \end{aligned}$$

即 $\{f_n(x)\}$ 在 $[a,b]$ 上一致收敛于 $f(x)$.

至于问题 (1), 在文献 [8] 的 406~411 页中通过引入 "拟一致收敛" 概念而得到解决, 此处仅列出它的定义和结论, 有兴趣读者不妨直接查阅原书.

定义 3.8 设函数列 $\{f_n(x)\}$ 在 $[a,b]$ 上收敛于函数 $f(x)$. 如果对每一个 $\varepsilon > 0$ 和每一个 $N \in \mathbb{N}$ 相应地有 $[a,b]$ 的有限开覆盖

$$\Gamma_0, \quad \Gamma_1, \quad \cdots, \quad \Gamma_s$$

和大于 N 的自然数

$$n_0, \quad n_1, \quad \cdots, \quad n_s$$

使得当 $x \in [a,b]$ 且 $x \in \Gamma_k$ 时有

$$|f(x) - f_{n_k}(x)| < \varepsilon \quad (k = 0, 1, \cdots, s),$$

那么就称 $\{f_n(x)\}$ 在 $[a,b]$ 上拟一致收敛于 $f(x)$.

定理 3.9 设连续函数列 $\{f_n(x)\}$ 在 $[a,b]$ 上收敛于函数 $f(x)$, 则 $f(x)$ 在 $[a,b]$ 上连续当且仅当 $\{f_n(x)\}$ 在 $[a,b]$ 上拟一致收敛于 $f(x)$.

注 3.10 以下对定理 3.9 的意义作进一步阐述. 很明显, 假设 "连续函数列 $\{f_n(x)\}$ 在 $[a,b]$ 上收敛于函数 $f(x)$"

$$\Leftrightarrow \forall x_0 \in [a,b] \text{ 有 } \lim_{x \to x_0} f_n(x) = f_n(x_0) \text{ 和 } \lim_{n \to \infty} f_n(x) = f(x)(\forall x \in [a,b]),$$

于是, 对 $\forall x_0 \in [a,b]$ 有

$$\lim_{n \to \infty} \lim_{x \to x_0} f_n(x) = f(x_0),$$

又易知结论 "$f(x)$ 在 $[a,b]$ 上连续"

$$\Leftrightarrow \forall x_0 \in [a,b] \text{ 有 } \lim_{x \to x_0} f(x) = f(x_0),$$

从而对 $\forall x_0 \in [a,b]$ 有

$$\lim_{x \to x_0} \lim_{n \to \infty} f_n(x) = f(x_0).$$

因此, 定理 3.9 表述了下列等式:

$$\lim_{x \to x_0} \lim_{n \to \infty} f_n(x) = \lim_{n \to \infty} \lim_{x \to x_0} f_n(x), \quad \forall x_0 \in [a,b]$$

成立的条件, 而该式表明 "同一对象 $f_n(x)$ 的两种不同类型极限 '$\lim\limits_{n \to \infty}$' 和 '$\lim\limits_{x \to x_0}$' $\forall x_0 \in [a,b]$ 可以交换顺序, 其值不变". 也就是说, 定理 3.9 给出了这两种极限恒可交换顺序的充要条件, 前面的定理 3.7 只是获得了一个充分条件. 在文献 [9] 的第 500 页中有: "决定两个给定的极限运算是否可交换的问题是数学中最重要问题之一", 足见此类问题之重要性, 本书的附录还要对此再作介绍.

3.4　半连续函数列和连续函数列的一些其他结果

定理 3.7 可推广到半连续函数列 (见文献 [10]), 即

定理 3.10　若上 (下) 半连续函数列 $\{f_n(x)\}$ 在 $[a,b]$ 上一致收敛于 $f(x)$, 则 $f(x)$ 在 $[a,b]$ 上为上 (下) 半连续.

证明　只证上半连续情形. 由定理 3.5 只需证 $\forall c \in \mathbb{R}$, $E = \{x \in [a,b] : f(x) \geqslant c\}$ 为闭集.

因为 $f_n(x)$ 在 $[a,b]$ 上一致收敛于 $f(x)$, 故 $\forall m \in \mathbb{N}$, $\exists n_m \in \mathbb{N}$ 使得当 $n > n_m$ 时有

$$f(x) + \frac{1}{m} > f_n(x) > f(x) - \frac{1}{m} \quad (\forall x \in [a,b]). \tag{3.3}$$

于是 $\forall x_0 \in E$ 有

$$f_{n_m+k}(x_0) > f(x_0) - \frac{1}{m} \geqslant c - \frac{1}{m} \quad (\forall m, k \in \mathbb{N}),$$

即

$$x_0 \in E_{mk} = \left\{ x \in [a,b] : f_{n_m+k}(x) \geqslant c - \frac{1}{m} \right\} \quad (\forall m, k \in \mathbb{N}),$$

从而得到 $x_0 \in \bigcap\limits_{m=1}^{\infty} \bigcap\limits_{k=1}^{\infty} E_{mk}$. 这表明 $E \subset \bigcap\limits_{m=1}^{\infty} \bigcap\limits_{k=1}^{\infty} E_{mk}$.

又由定理 3.5 知 $\forall m, k \in \mathbb{N}$, E_{mk} 为闭集, 再注意到闭集的任意交仍为闭集这一明显的事实, 所以欲证 E 为闭集, 只需证 $E = \bigcap\limits_{m=1}^{\infty} \bigcap\limits_{k=1}^{\infty} E_{mk}$, 即只需证 $E \supset \bigcap\limits_{m=1}^{\infty} \bigcap\limits_{k=1}^{\infty} E_{mk}$.

事实上, $\forall x_0 \in \bigcap\limits_{m=1}^{\infty} \bigcap\limits_{k=1}^{\infty} E_{mk}$, 即 $x_0 \in E_{mk}$ $(\forall m, k \in \mathbb{N})$, 由式 (3.3) 可得

$$f(x_0) > f_{n_m+k}(x_0) - \frac{1}{m} \geqslant c - \frac{2}{m} \quad (\forall m, k \in \mathbb{N}),$$

亦即有 $x_0 \in E$. 结论获证.

这样一来, 定理 3.7 又可作为定理 3.10 的一个推论. 注意, "每个 $f_n(x)$ 在 $[a,b]$ 上均上 (下) 半连续" 推不出 "$\sup\limits_n f_n(x)$ $(\inf\limits_n f_n(x))$ 在 $[a,b]$ 上为上 (下) 半连续". 这里只对上半连续情形给出反例.

例 3.7　设 $r_1, r_2, \cdots, r_n, \cdots$ 为 $[0,1]$ 中的所有有理数并记该集合为 $\mathbb{Q}$ (注意, 如 $\mathbb{Q}$ 可表为 $1, \dfrac{1}{2}, \dfrac{1}{3}, \dfrac{2}{3}, \dfrac{1}{4}, \dfrac{3}{4}, \dfrac{1}{5}, \dfrac{2}{5}, \dfrac{3}{5}, \dfrac{4}{5}, \cdots$ 的序列形式, 读者自行体会其构造方法). 命

$$f_n(x) = \begin{cases} 1, & x \in \{r_1, r_2, \cdots, r_n\}, \\ 0, & x \in [0,1] \setminus \{r_1, r_2, \cdots, r_n\}, \end{cases}$$

显然, 每个 $f_n(x)$ 均为上半连续. 但

$$\sup\limits_n f_n(x) = \begin{cases} 1, & x \in \mathbb{Q}, \\ 0, & x \in [0,1] \setminus \mathbb{Q}, \end{cases}$$

在 $[0,1] \backslash \mathbb{Q}$ 中的任一点处均不上半连续.

然而, 有

定理 3.11　若每个 $f_n(x)$ 在 $[a,b]$ 上均为上 (下) 半连续, 则 $\inf\limits_n f_n(x)$ $(\sup\limits_n f_n(x))$ 在 $[a,b]$ 上为上 (下) 半连续.

证明　只证上半连续情形.

设 $g(x) = \inf\limits_n f_n(x)$. 同样, 由定理 3.5 只需证 $\forall c \in \mathbb{R}$, $\{x \in [a,b] : g(x) \geqslant c\}$ 为闭集. 注意到如下明显的关系式:

$$\{x \in [a,b] : g(x) \geqslant c\} = \bigcap_{n=1}^{\infty} \{x \in [a,b] : f_n(x) \geqslant c\}$$

就不难看出 $g(x)$ 在 $[a,b]$ 上为上半连续.

前面介绍了对闭区间上连续函数列的极限函数未必连续的一些相关的讨论, 人们还从另外角度提出并研究了所谓的 Baire 函数类 (见文献 [11] 第 15 章).

定义 3.9　设在 $[a,b]$ 上 $f_n(x)$ 为连续 $(\forall n \in \mathbb{N})$, 若 $f(x)$ 不连续, 但满足

$$f(x) = \lim_{n \to \infty} f_n(x) \quad (\forall x \in [a,b]), \tag{3.4}$$

则称 $f(x)$ 为 1 类 Baire 函数, 记做 $f \in H_1$. 为方便起见, 称连续函数为 0 类 Baire 函数, 记做 $f \in H_0$.

又当 $f_n \in H_1$ $(\forall n \in \mathbb{N})$, $f \notin H_0 \cup H_1$ 且 (3.4) 式成立时, 称 $f(x)$ 为 2 类 Baire 函数, 记作 $f \in H_2$.

显然, 注 3.9 中的 $f(x) = \begin{cases} 0, & x \in [0,1), \\ 1, & x = 1 \end{cases}$ 为 $[0,1]$ 上的 1 类 Baire 函数.

定理 3.12　$[a,b]$ 上只有有限多个不连续点的函数 $f(x)$ 均为 1 类 Baire 函数.

证明　不妨设 $f(x)$ 的不连续点为

$$c_1 < c_2 < \cdots < c_m \quad (a < c_k < b, \ 1 \leqslant k \leqslant m).$$

取充分大的 $n_0 \in \mathbb{N}$ 使得区间 $\left(c_k - \dfrac{1}{n_0}, c_k + \dfrac{1}{n_0}\right)$ $(1 \leqslant k \leqslant m)$ 互不相交且均含于 $[a,b]$ 内. 作函数 $f_n(x)$, 使其在所有的点 c_k 和在所有的区间 $\left(c_k - \dfrac{1}{n_0+n}, c_k + \dfrac{1}{n_0+n}\right)$ 的并之外仍等于 $f(x)$, 但在闭区间 $\left[c_k - \dfrac{1}{n_0+n}, c_k\right]$ 与 $\left[c_k, c_k + \dfrac{1}{n_0+n}\right]$ 上其图像分别为连接 $\left(c_k - \dfrac{1}{n_0+n}, f\left(c_k - \dfrac{1}{n_0+n}\right)\right)$ 与 $(c_k, f(c_k))$, 和 $(c_k, f(c_k))$ 与 $\left(c_k + \dfrac{1}{n_0+n}, f\left(c_k + \dfrac{1}{n_0+n}\right)\right)$ 的两条直线段. $(1 \leqslant k \leqslant m)$, 则易见 $f_n(x)$ 在 $[a,b]$ 上连续 $(\forall n \in \mathbb{N})$ 且

$$\lim_{n \to \infty} f_n(x) = f(x) \quad (\forall x \in [a,b]),$$

故 $f(x)$ 为 1 类 Baire 函数.

注 3.11　在 [11] 第 15 章 §3 的最后部分所提到的几个例子中有

例 3.8　[a,b] 上只有可列个不连续点的函数 $f(x)$ 均为 1 类 Baire 函数.

例 3.9　例 3.7 中的函数 $sup_n f_n(x) = \begin{cases} 1, x \in \mathbb{Q} \\ 0, x \in [0,1] \backslash \mathbb{Q} \end{cases}$ （$\mathbb{Q}$ 为 [0,1] 中的有理数集) 是

2 类 Baire 函数.

2000 年李秉彝等的 [12] 对完备可分距离空间的框架给出了 1 类 Baire 函数借助 ε-δ 语言的刻划.

第4章 单调函数及其线性扩张

4.1 单调函数的一些性质

定义 4.1 设 $f(x)$ 定义于某区间 I(I 可以是闭区间、开区间、半开半闭区间或无限区间). 若对任何 $x_1, x_2 \in I$ 且 $x_1 < x_2$ 恒有

$$f(x_1) \leqslant f(x_2) \quad (\text{或 } f(x_1) \geqslant f(x_2)),$$

则称 $f(x)$ 在 I 上为单调增加 (或单调减少) 函数.

下面着重讨论单调增加函数, 对于单调减少函数可以类似地讨论. 记 $S[a,b]$ 为所有在闭区间 $[a,b]$ 上为单调增加的函数 $f(x)$ 的集.

命题 4.1 设 $f(x) \in S[a,b]$, 则对任何 $x_0 \in [a,b]$ 有

$$f(x_0 - 0) = \lim_{x \to x_0 - 0} f(x), \quad f(x_0 + 0) = \lim_{x \to x_0 + 0} f(x)$$

均存在, 这里当 $x_0 = a, b$ 时指的是 $f(a+0), f(b-0)$ 存在, 且

$$f(x_0 - 0) \leqslant f(x_0 + 0).$$

因而, x_0 为 $f(x)$ 的不连续点当且仅当

$$f(x_0 + 0) - f(x_0 - 0) > 0,$$

并且只能是第一类间断点.

证明 只证 $f(x_0 + 0)$ 存在. 取定 $x_n \in (x_0, b]$ 使得 $x_n \to x_0$ $(n \to \infty)$ 且 $x_n \geqslant x_{n+1} \geqslant x_0$ ($\forall n \in \mathbb{N}$), 则由 $f(x)$ 在 $[a, b]$ 上单调增加便知

$$f(x_1) \geqslant f(x_2) \geqslant \cdots \geqslant f(x_n) \geqslant \cdots \geqslant f(x_0),$$

从而由第 2 章实数基本定理 3 的 (6) 就有 $A \in \mathbb{R}$ 使得 $\lim\limits_{n \to \infty} f(x_n) = A$.

任取 $y_k \to x_0$ $(k \to \infty)$ 且 $y_k \in (x_0, b]$ ($\forall k \in \mathbb{N}$), 由 $\forall \varepsilon > 0, \exists n_0 \in \mathbb{N}$, 使当 $n \geqslant n_0$ 时, 有 $0 \leqslant f(x_n) - A < \varepsilon$, 且存在 $k_0 \in \mathbb{N}$, 使当 $k \geqslant k_0$ 时, 有 $x_0 < y_k \leqslant x_{n_0}$, 再取 $n_k > n_0$ 且 $n_{k+1} > n_k$ 满足 $x_{n_k} \leqslant y_k \leqslant x_{n_0}$ ($\forall k \geqslant k_0$), 故得当 $k \geqslant k_0$ 时有

$$0 \leqslant f(x_{n_k}) - A \leqslant f(y_k) - A \leqslant f(x_{n_0}) - A < \varepsilon,$$

即 $\lim\limits_{k \to \infty} f(y_k) = A$. 最后, 由类似于命题 3.2 的结论立知 $f(x_0 + 0) = A$ 存在.

命题 4.2   设 $f(x) \in S[a,b]$, 则对任何 $\varepsilon > 0$ 至多有有限多个 $x_k \in [a,b]$ $(k = 1, 2, \cdots, n)$ 使得

$$f(x_k + 0) - f(x_k - 0) \geqslant \varepsilon \quad (k = 1, 2, \cdots, n).$$

证明   如若不然, 则存在 $\varepsilon_0 > 0$ 和 $\{x_k\}_{k=1}^\infty \subset [a,b]$, 且不妨设 $a \leqslant x_1 < x_2 < \cdots < x_k < \cdots \leqslant b$, 使得

$$f(x_k + 0) - f(x_k - 0) \geqslant \varepsilon_0 \quad (\forall k \in \mathbb{N}).$$

由函数 $f(x)$ 的单调增加性和 $x_k < x_{k+1}$ 知

$$f(x_k + 0) \leqslant f(x_{k+1} - 0) \quad (\forall k \in \mathbb{N}),$$

即 $\{(f(x_k - 0), f(x_k + 0))\}_{k=1}^\infty$ 为互不重叠的开区间列, 于是可得

$$f(b) - f(a) \geqslant \sum_{k=1}^\infty (f(x_k + 0) - f(x_k - 0)) \geqslant \sum_{k=1}^\infty \varepsilon_0 = \infty,$$

发生矛盾.

命题 4.3   设 $f(x) \in S[a,b]$, 则 $f(x)$ 在 $[a,b]$ 上的不连续点至多有可列多个, 即可表成点列的形式:

$$x_1, \quad x_2, \quad \cdots, \quad x_k, \quad \cdots$$

(可列亦称可数, 集合为可列是指该集合与自然数集 $\mathbb{N}$ 可以一一对应, 如见文献 [6] 第 6 页定义).

证明   由命题 4.2 知 $\forall n \in \mathbb{N}$, $f(x)$ 在 $[a,b]$ 上的不连续点至多有 $k_n(\in \mathbb{N})$ 个, $x_1^{(n)} < x_2^{(n)} < \cdots < x_{k_n}^{(n)}$, 满足

$$f(x_k^{(n)} + 0) - f(x_k^{(n)} - 0) \geqslant \frac{1}{n} \quad (k = 1, 2, \cdots, k_n).$$

因此, $f(x)$ 在 $[a,b]$ 上的不连续点至多有

$$x_1^{(1)}, x_2^{(1)}, \cdots, x_{k_1}^{(1)}; \quad x_1^{(2)}, x_2^{(2)}, \cdots, x_{k_2}^{(2)}; \quad \cdots; \quad x_1^{(n)}, x_2^{(n)}, \cdots, x_{k_n}^{(n)}; \quad \cdots$$

其实, 这只需注意对任何 $f(x)$ 的不连续点 $x_0 \in [a,b]$, 由命题 4.1 必有 $n_0 \in \mathbb{N}$ 使得

$$f(x_0 + 0) - f(x_0 - 0) \geqslant \frac{1}{n_0}.$$

于是 $f(x)$ 在 $[a,b]$ 上的不连续点至多有可列个 (先保留第 1 个分号 ";" 前的点, 再保留第 2 个分号前不同于第 1 个分号前的点, 以此类推即可).

命题 4.4   (1) 若 $f(x), g(x) \in S[a,b]$, 则 $f(x) + g(x) \in S[a,b]$;

(2) 若 $f(x) \in S[a,b]$, $c \geqslant 0$, 则 $cf(x) \in S[a,b]$;

(3) 若 $f(x) \in S[a,b]$, 则 $-f(x)$ 在 $[a,b]$ 上为单调减少;

(4) 若 $f(x)$ 在 $[a,b]$ 上为单调减少, 则 $-f(x) \in S[a,b]$.

证明 显然, 从略.

在 "教程" 中, 我们知道如图 4.1 所示, 由一段单调增加曲线和一段单调减少曲线相连接的这种在连接点处达到峰值 (如最大值) 的单峰曲线是很有用的. 该单峰曲线 $y = f(x)$ 可表为

$$f(x) = \begin{cases} g(x), & x \in [a, x_0], \\ h(x), & x \in (x_0, b], \end{cases}$$

其中 $g(x)$ 在 $[a, x_0]$ 上单调增加, $h(x)$ 在 $[x_0, b]$ 上单调减少且 $g(x_0) = h(x_0)$. 命

$$f_1(x) = \begin{cases} g(x), & x \in [a, x_0], \\ g(x_0), & x \in (x_0, b], \end{cases} \qquad f_2(x) = \begin{cases} 0, & x \in [a, x_0], \\ g(x_0) - h(x), & x \in (x_0, b], \end{cases}$$

容易看出 $f_1(x), f_2(x) \in S[a,b]$ 并且有

$$f(x) = f_1(x) - f_2(x) \quad (\forall x \in [a,b]),$$

即函数 $f(x)$ 表示成为两个 $S[a,b]$ 中函数 $f_1(x)$ 与 $f_2(x)$ 的线性组合

$$c_1 f_1(x) + c_2 f_2(x) \quad (c_1, c_2 \in \mathbb{R})$$

的一种特殊形式.

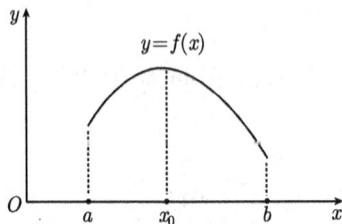

图 4.1

由 "高等代数教程" 可知: 对给定集合 S, 其所有有限多个元的线性组合的集

$$L\{S\} = \{c_1 s_1 + c_2 s_2 + \cdots + c_n s_n : s_k \in S, c_k \in \mathbb{R}, \ k = 1, 2, \cdots, n; \ n = 1, 2, \cdots\}$$

构成 $\mathbb{R}$ 上的一个线性空间. 显然, $L\{S\} \supset S$. 通常称 $\mathbb{R}$ 上的线性空间 V 为集合 S 的线性扩张 (或称 V 为由 S 生成的线性空间) 是指: $V \supset S$ 且对任何 $\mathbb{R}$ 上的线性空间 $U \supset S$ 恒有 $U \supset V$.

于是, 可以得到: $L\{S\}$ 就是 S 的线性扩张.

事实上, 设 $U \supset S$ 是 $\mathbb{R}$ 上的线性空间, 则由线性空间定义, 易知 $\forall n \in \mathbb{N}$ 和 $s_k \in S$, $c_k \in \mathbb{R}$ $(k = 1, 2, \cdots, n)$ 恒有

$$c_1 s_1 + c_2 s_2 + \cdots + c_n s_n \in U,$$

故 $U \supset L\{S\}$.

因此, 讨论 $S[a, b]$ 的线性扩张具有明显的分析学意义.

4.2　单调增加函数类的线性扩张与有界变差函数

定理 4.1　$S[a, b]$ 的线性扩张

$$L\{S[a, b]\} = \{f(x) : f(x) = g(x) - h(x) \ (\forall x \in [a, b]),\ g(x), h(x) \in S[a, b]\}.$$

证明　由 4.1 节中的讨论即知, 只需证上述等式中的 "$\subset$" 关系成立. 设

$$f(x) = c_1 f_1(x) + c_2 f_2(x) + \cdots + c_n f_n(x) \in L\{S[a, b]\},$$

其中 $f_k(x) \in S[a, b]$, $c_k \in \mathbb{R}$ $(k = 1, 2, \cdots, n)$. 显然不妨设存在 l $(0 \leqslant l \leqslant n)$ 使得

$$c_k \geqslant 0 \, (1 \leqslant k \leqslant l), \quad c_k < 0 \ \ (l + 1 \leqslant k \leqslant n)$$

(这里 $l = 0$ 时, 自然不存在 $c_k \geqslant 0$; 又 $l = n$ 时, 则不存在 $c_k < 0$). 于是, 由命题 4.4 可得

$$g(x) = c_1 f_1(x) + c_2 f_2(x) + \cdots + c_l f_l(x) \in S[a, b],$$

$$h(x) = -(c_{l+1} f_{l+1}(x) + c_{l+2} f_{l+2}(x) + \cdots + c_n f_n(x)) \in S[a, b],$$

并有 $f(x) = g(x) - h(x)$ $(\forall x \in [a, b])$. 定理 4.1 获证.

注意到对任何 $g(x) \in S[a, b]$ 均有这样的性质, 也就是对 $[a, b]$ 任意取定的分划 P:

$$a = x_0 < x_1 < x_2 < \cdots < x_n = b,$$

$g(x)$ 在所有小区间 $[x_{k-1}, x_k]$ 上两端函数值的差 $g(x_k) - g(x_{k-1})$ $(k = 1, 2, \cdots, n)$ 之和与 $g(x)$ 在整个区间 $[a, b]$ 上两端函数值的差 $g(b) - g(a)$ 总是相等的, 且还有等式

$$\sum_{k=1}^{n} |g(x_k) - g(x_{k-1})| = \sum_{k=1}^{n} (g(x_k) - g(x_{k-1}))$$
$$- (g(x_1) - g(a)) + (g(x_2) - g(x_1)) + \cdots + (g(b) - g(x_{n-1}))$$
$$= g(b) - g(a)$$

(很明显, 当 $g(x) \notin S[a, b]$ 时 $|g(x_k) - g(x_{k-1})| = g(x_k) - g(x_{k-1})$ 未必都是成立的), 以及定理 4.1 就可以得到: $\forall f(x) \in L\{S[a, b]\}$, $\exists g(x), h(x) \in S[a, b]$ 使得 $f(x) = g(x) - h(x)$ $(\forall x \in [a, b])$, 同时对 $[a, b]$ 的任何分划 P 还有

$$\sum_{k=1}^{n} |f(x_k) - f(x_{k-1})| = \sum_{k=1}^{n} |(g(x_k) - h(x_k)) - (g(x_{k-1}) - h(x_{k-1}))|$$
$$\leqslant \sum_{k=1}^{n} |g(x_k) - g(x_{k-1})| + \sum_{k=1}^{n} |h(x_k) - h(x_{k-1})|$$
$$= (g(b) - g(a)) + (h(b) - h(a)),$$

由此即得

$$\sup_{P} \sum_{k=1}^{n} |f(x_k) - f(x_{k-1})| \leqslant \sup_{P} \left(\sum_{k=1}^{n} |g(x_k) - g(x_{k-1})| + \sum_{k=1}^{n} |h(x_k) - h(x_{k-1})| \right)$$
$$= (g(b) - g(a)) + (h(b) - h(a)) < \infty,$$

其中 P 取遍 $[a,b]$ 的一切分划.

因此, 引入如下概念:

定义 4.2　我们称 $f(x)$ 为 $[a,b]$ 上的有界变差函数, 记作 $f(x) \in \bigvee[a,b]$, 是指

$$\bigvee_{a}^{b}(f) \triangleq \sup_{P} \sum_{k=1}^{n} |f(x_k) - f(x_{k-1})| < \infty,$$

其中 $P: a = x_0 < x_1 < x_2 < \cdots < x_n = b$ 取遍 $[a,b]$ 的一切分划, $\bigvee_{a}^{b}(f)$ 叫做 $f(x)$ 在 $[a,b]$ 上的全变差 (当 $\bigvee_{a}^{b}(f) = \infty$ 时 $f(x)$ 就不是 $[a,b]$ 上的有界变差函数).

注 4.1　易知当 $f(x) \in \bigvee[a,b]$ 时 $\bigvee_{a}^{x}(f) \in S[a,b]$(注意规定 $\bigvee_{b}^{a}(f) = 0$), 称为 $f(x)$ 在 $[a,b]$ 上的变差函数, 它具有下列性质:

命题 4.5　设 $f(x), f_1(x), f_2(x)$ 均定义在 $[a,b]$ 上, 则有

(i) $\forall c \in (a,b)$ 有 $\bigvee_{a}^{c}(f) + \bigvee_{c}^{b}(f) = \bigvee_{a}^{b}(f)$;

(ii) $\bigvee_{a}^{b}(f_1 + f_2) \leqslant \bigvee_{a}^{b}(f_1) + \bigvee_{a}^{b}(f_2)$.

证明 *　(i) 不妨设 $\bigvee_{a}^{c}(f)$ 与 $\bigvee_{c}^{b}(f)$ 都是有限的. 任给 $[a,b]$ 的一个分划 $P: a = x_0 < x_1 < x_2 < \cdots < x_n = b$.

(1) 若 c 是 P 的一个分点 x_l, 则有

$$\sum_{k=1}^{n} |f(x_k) - f(x_{k-1})| = \sum_{k=1}^{l} |f(x_k) - f(x_{k-1})| + \sum_{k=l+1}^{n} |f(x_k) - f(x_{k-1})|$$
$$\leqslant \bigvee_{a}^{c}(f) + \bigvee_{c}^{b}(f).$$

(2) 若 c 不是 P 的一个分点, 则必有分点 x_l $(1 \leqslant l \leqslant n)$ 使得 $x_{l-1} < c < x_l$, 于是得到

$$\sum_{k=1}^{n} |f(x_k) - f(x_{k-1})|$$
$$\leqslant \left(\sum_{k=1}^{l-1} |f(x_k) - f(x_{k-1})| + |f(c) - f(x_{l-1})| \right)$$
$$+ \left(|f(x_l) - f(c)| + \sum_{k=l+1}^{n} |f(x_k) - f(x_{k-1})| \right)$$

$$\leqslant \bigvee_a^c(f) + \bigvee_c^b(f).$$

结合 (1), (2) 立得 $\bigvee_a^b(f) \leqslant \bigvee_a^c(f) + \bigvee_c^b(f)$.

另一方面, 对任何 $\varepsilon > 0$ 必存在 $[a,c]$ 的分划 P': $a = x_0' < x_1' < \cdots < x_m' = c$ 和 $[c,b]$ 的分划 P'': $c = x_0'' < x_1'' < \cdots < x_n'' = b$ 使得

$$\sum_{k=1}^m |f(x_k') - f(x_{k-1}')| > \bigvee_a^c(f) - \frac{\varepsilon}{2},$$

$$\sum_{k=1}^n |f(x_k'') - f(x_{k-1}'')| > \bigvee_c^b(f) - \frac{\varepsilon}{2}.$$

记 $P = P' \cup P''$ 为合并 P' 与 P'' 的分点而成的 $[a,b]$ 的分划, 则立即可知

$$\bigvee_a^b(f) \geqslant \sum_{k=1}^m |f(x_k') - f(x_{k-1}')| + \sum_{k=1}^n |f(x_k'') - f(x_{k-1}'')| > \bigvee_a^c(f) + \bigvee_c^b(f) - \varepsilon,$$

再由 ε 的任意性就有 $\bigvee_a^b(f) \geqslant \bigvee_a^c(f) + \bigvee_c^b(f)$.

(ii) 因为对 $[a,b]$ 的任何分划 P: $a = x_0 < x_1 < \cdots < x_n = b$ 有

$$\sum_{k=1}^n |(f_1 + f_2)(x_k) - (f_1 + f_2)(x_{k-1})| \leqslant \sum_{k=1}^n |f_1(x_k) - f_1(x_{k-1})|$$
$$+ \sum_{k=1}^n |f_2(x_k) - f_2(x_{k-1})|$$
$$\leqslant \bigvee_a^b(f_1) + \bigvee_a^b(f_2),$$

故得 $\bigvee_a^b(f_1 + f_2) \leqslant \bigvee_a^b(f_1) + \bigvee_a^b(f_2)$.

定理 4.2　$L\{S[a,b]\} = \bigvee[a,b]$.

证明　由定义 4.2 的引入过程已证得 $L\{S[a,b]\} \subset \bigvee[a,b]$.

今证 $L\{S[a,b]\} \supset \bigvee[a,b]$. 由定理 4.1 只需证: $\forall f(x) \in \bigvee[a,b]$, $\exists g(x), h(x) \in S[a,b]$ 使得 $f(x) = g(x) - h(x)$ $(\forall x \in [a,b])$. 又由注 4.1 知 $\bigvee_a^x(f) \in S[a,b]$, 因此, 只需证 $\bigvee_a^x(f) - f(x) \in S[a,b]$ (这时 $f(x) = \bigvee_a^x(f) - \left(\bigvee_a^x(f) - f(x)\right)$ $(\forall x \in [a,b])$ 自然恒成立).

事实上, 设 $a \leqslant x_1 < x_2 \leqslant b$, 由命题 4.5 的 (i) 和 $\bigvee_{x_1}^{x_2}(f)$ 的定义就有

$$\left(\bigvee_a^{x_2}(f) - f(x_2)\right) - \left(\bigvee_a^{x_1}(f) - f(x_1)\right) = \left(\bigvee_a^{x_2}(f) - \bigvee_a^{x_1}(f)\right) - (f(x_2) - f(x_1))$$
$$= \bigvee_{x_1}^{x_2}(f) - (f(x_2) - f(x_1))$$

$$\leqslant \bigvee_{x_1}^{x_2}(f) - |f(x_2) - f(x_1)| \geqslant 0,$$

即 $\bigvee_a^{x_2}(f) - f(x_2) \geqslant \bigvee_a^{x}(f) - f(x_1)$, 从而结论成立.

下面再来分析有界变差函数的几何意义. 从 "教程" 中我们知道: 曲线 $y = f(x)$ 在 $[a, b]$ 上的弧长指的是

$$L = \sup_P \sum_{k=1}^{n} \sqrt{(x_k - x_{k-1})^2 + (f(x_k) - f(x_{k-1}))^2},$$

其中 $P : a = x_0 < x_1 < x_2 < \cdots < x_n = b$ 取遍 $[a, b]$ 的一切分划. 当 $L < \infty$ 时又称该曲线在 $[a, b]$ 上是可求长的.

注意由中学代数中的不等式可知

$$|f(x_k) - f(x_{k-1})| \leqslant \sqrt{(x_k - x_{k-1})^2 + (f(x_k) - f(x_{k-1}))^2}$$

$$\leqslant (x_k - x_{k-1}) + |f(x_k) - f(x_{k-1})|,$$

即有

$$\sum_{k=1}^{n} |f(x_k) - f(x_{k-1})| \leqslant \sum_{k=1}^{n} \sqrt{(x_k - x_{k-1})^2 + (f(x_k) - f(x_{k-1}))^2}$$

$$\leqslant \sum_{k=1}^{n}(x_k - x_{k-1}) + \sum_{k=1}^{n}|f(x_k) - f(x_{k-1})|,$$

亦可得

$$\sup_P \sum_{k=1}^{n} |f(x_k) - f(x_{k-1})| \leqslant \sup_P \sqrt{(x_k - x_{k-1})^2 + (f(x_k) - f(x_{k-1}))^2}$$

$$\leqslant (b - a) + \sup_P \sum_{k=1}^{n} |f(x_k) - f(x_{k-1})|.$$

这表明

$$\bigvee_a^b(f) \leqslant L \leqslant (b - a) + \bigvee_a^b(f).$$

因此得到有界变差函数的几何意义, 如下列定理所述:

定理 4.3　$f(x) \in \bigvee[a, b]$ 当且仅当曲线 $y = f(x)$ 在 $[a, b]$ 上是可求长的.

注 4.2　在 "教程" 中也都提到利用参数方程来表示曲线, 这无论在理论上, 还是在应用上要更为方便. 那么什么是曲线的参数方程呢?

在取定的直角坐标系 xOy 中, 设 x, y 都是某个变数 (称为参数)t 在 $[a, b]$ 上的函数, 即有

$$\begin{cases} x = f(t), \\ y = g(t) \end{cases} \quad (t \in [a, b]).$$

如果对每个 $t_0 \in [a, b]$, 点 $P_0(f(t_0), g(t_0))$ 都在曲线 C 上, 而且对曲线 C 上任一点 $P_1(x_1, y_1)$ 都存在 $t_1 \in [a, b]$ 使得 $x_1 = f(t_1)$ 且 $y_1 = g(t_1)$, 则称上述方程为曲线 C 相应的参数方程.

对于用参数方程表示的曲线, 定理 4.3 的相应形式为 (证明从略, 读者可自行补证):

定理 4.3′　曲线 $C: \begin{cases} x = f(t), \\ y = g(t) \end{cases}$　在 $[a, b]$ 上为可求长当且仅当 $f(t), g(t) \in \bigvee[a, b]$.

对于曲线的参数方程有兴趣的读者不妨参看文献 [13] 第 4 章第 6 节. 又关于有界变差函数的一些性质也可查阅文献 [14].

4.3　连续单调增加函数类的线性扩张

记

$$CS[a, b] = \{f(x) : f(x) \in S[a, b] \cap C[a, b]\},$$

其中 $C[a, b] = \{f(x) :\ f(x)$ 在 $[a, b]$ 上连续 $\}$. 类似于定理 4.1 的证明有

定理 4.4　$L\{CS[a, b]\} = \{f(x) : f(x) = g(x) - h(x)\ (\forall x \in [a, b]),\ g(x), h(x) \in CS[a, b]\}$, 其中 $L\{CS[a, b]\}$ 为 $CS[a, b]$ 的线性扩张.

证明　请读者自行写出.

定理 4.5　$L\{CS[a, b]\} = C\bigvee[a, b]\ (= \bigvee[a, b] \cap C[a, b])$.

证明　因为由定理 4.2 易知 $C\bigvee[a, b] \supset L\{CS[a, b]\}$, 故只需证 $C\bigvee[a, b] \subset L\{CS[a, b]\}$. 而由定理 4.4 知又只需证: 对任何 $f(x) \in C\bigvee[a, b]$ 存在 $g(x), h(x) \in CS[a, b]$ 使得 $f(x) = g(x) - h(x)\ (\forall x \in [a, b])$. 根据定理 4.2 的证明知对任何 $f(x) \in \bigvee[a, b]$ 有

$$f(x) = \bigvee_a^x(f) - \left(\bigvee_a^x(f) - f(x)\right) \quad (\forall x \in [a, b])$$

且 $\bigvee\limits_a^x(f), \bigvee\limits_a^x(f) - f(x) \in S[a, b]$. 从而只要再有: $f(x) \subset C[a, b]$ 可推出 $\bigvee\limits_a^x(f) \in C[a, b]$ 也成立, 那么自然就得到所欲证的结论.

今证: $\forall f(x) \in \bigvee[a, b]$, 若 $f(x)$ 在 $x_0 \in (a, b]\ ([a, b))$ 处左 (右) 连续, 则 $\bigvee\limits_a^x(f)$ 在 x_0 处也左 (右) 连续. 其实这是一个比我们所需要更强的结论. 下面只证右连续情形.

设 $a \leqslant x_0 < b$, 则对任何 $\varepsilon > 0$ 存在 $[x_0, b]$ 的分划:

$$x_0 < x_1 < x_2 < \cdots < x_n = b$$

使得

$$\bigvee_{x_0}^b(f) < \sum_{k=1}^n |f(x_k) - f(x_{k-1})| + \frac{\varepsilon}{2},$$

于是当 $x_0 < x < x_1$ 时有

$$\bigvee_a^x(f) - \bigvee_a^{x_0}(f) = \bigvee_{x_0}^x(f) = \bigvee_{x_0}^b(f) - \bigvee_x^b(f)$$

$$< \sum_{k=1}^n |f(x_k) - f(x_{k-1})| + \frac{\varepsilon}{2} - \bigvee_x^b(f)$$

$$\leqslant \sum_{k=1}^n |f(x_k) - f(x_{k-1})| + \frac{\varepsilon}{2}$$

$$- \left(\sum_{k=2}^n |f(x_k) - f(x_{k-1})| + |f(x_1) - f(x)| \right)$$

$$= |f(x_1) - f(x_0)| + \frac{\varepsilon}{2} - |f(x_1) - f(x)|$$

$$\leqslant |f(x) - f(x_0)| + \frac{\varepsilon}{2}.$$

由于 $f(x)$ 在 x_0 处右连续, 所以存在 $\delta_1 > 0$ 使当 $0 \leqslant x - x_0 < \delta_1$ 时有

$$|f(x) - f(x_0)| < \frac{\varepsilon}{2},$$

从而取 $\delta = \min\{\delta_1, x_1 - x_0\}$, 当 $0 \leqslant x - x_0 < \delta$ 时就有

$$\bigvee_a^x(f) - \bigvee_a^{x_0}(f) < \varepsilon,$$

即 $\bigvee_a^x(f)$ 在 x_0 处右连续.

注 4.3   显然, 对任何 $f(x) \in \bigvee[a,b]$, 从 $\bigvee_a^x(f)$ 在 $x = x_0$ 处左 (右) 连续可推出 $f(x)$ 在 $x = x_0$ 处左 (右) 连续. 这是因为当 $a \leqslant x_0 < x \leqslant b$ 时有

$$\bigvee_a^x(f) - \bigvee_a^{x_0}(f) = \bigvee_{x_0}^x(f) \geqslant |f(x) - f(x_0)|$$

(另一情形完全相似).

与定理 4.3 相应地也有如下的定理:

定理 4.6 $f(x) \in C\bigvee[a,b]$ 当且仅当曲线 $y = f(x)$ 在 $[a,b]$ 上是连续可求长的.

4.4   有界变差函数与单调函数的若干其他结果简介

(1) 1976 年 Huggins[15] 得到:

定理 4.7   设 $f(x) \in \bigvee[a,b]$. 则有

(i) 对 $x_0 \in [a,b)$ 有 $\bigvee_a^{x_0+0}(f) - \bigvee_a^{x_0}(f) = |f(x_0 + 0) - f(x_0)|$;

(ii) 对 $x_0 \in (a,b]$ 有 $\bigvee_a^{x_0}(f) - \bigvee_a^{x_0-0}(f) = |f(x_0) - f(x_0 - 0)|$.

证明　只证 (i). 对任何 $\varepsilon > 0$, 借助定理 4.5 证明中的一个不等式和注 4.3, 即可得到

$$|f(x) - f(x_0)| \leqslant \bigvee_a^x(f) - \bigvee_a^{x_0}(f) \leqslant |f(x) - f(x_0)| + \frac{\varepsilon}{2}$$

当 $x_0 < x$ 且 x 充分接近 x_0 时.

因 $\bigvee_a^x(f) \in S[a, b]$, 故由命题 4.1 知 $\bigvee_a^{x_0+0}(f)$ 存在, 再利用定理 4.2 与 4.1 又知 $f(x_0 + 0)$ 也存在. 于是, 对上述不等式各项分别取右极限 $x \to x_0 + 0$ 便有

$$|f(x_0 + 0) - f(x_0)| \leqslant \bigvee_a^{x_0+0}(f) - \bigvee_a^{x_0}(f) \leqslant |f(x_0 + 0) - f(x_0)| + \frac{\varepsilon}{2}.$$

最后, 由 ε 的任意性立得

$$\bigvee_a^{x_0+0}(f) - \bigvee_a^{x_0}(f) = |f(x_0 + 0) - f(x_0)|.$$

注 4.4　定理 4.7 是注 4.3 及其前段关于 "$\bigvee[a, b]$ 中 $f(x)$ 在 $x = x_0$ 处左 (右) 连续必可推出 $\bigvee_a^x(f)$ 在 $x = x_0$ 处也左 (右) 连续" 的结论的推广.

(2) 1982 年 Cater[16] 给出了命题 4.5 的 (ii):

$$\bigvee_a^b(f_1 + f_2) \leqslant \bigvee_a^b(f_1) + \bigvee_a^b(f_2)$$

中的不等式成为等式的充要条件.

(3) 在文献 [11] 第 8 章中有关于单调增加函数列如下的一个收敛定理:

定理 4.8　设 $\{f_n(x)\}$ 为 $[a, b]$ 上的单调增加函数列, 如果 $\{f_n(x)\}$ 还是一致有界的, 即存在 $K > 0$ 使得

$$|f_n(x)| \leqslant K \quad (\forall x \in [a, b],\ n = 1, 2, \cdots)$$

成立, 那么就有子列 $\{f_{n_k}(x)\}$ 在 $[a, b]$ 上收敛且其极限也是一个单调增加函数.

1956 年吴从炘 [17] 推广了这一定理.

(4) 1952 年 Tung[18] 首先提出了二级有界变差函数, 它是有界变差函数概念的一种有用推广.

定义 4.3　设 $f(x)$ 定义在 $[a, b]$ 上, 若

$$\bigvee_a^b {}_2(f) \triangleq \sup_P \sum_{k=1}^{n-1} \left| \frac{f(x_{k+1}) - f(x_k)}{x_{k+1} - x_k} - \frac{f(x_k) - f(x_{k-1})}{x_k - x_{k-1}} \right| < \infty,$$

其中 $P: a = x_0 < x_1 < x_2 < \cdots < x_n = b$ 取遍 $[a, b]$ 的一切分划, 则称 $f(x)$ 为 $[a, b]$ 上的

二级有界变差函数, 记作 $f(x) \in \bigvee_2[a,b]$. 又 $\bigvee\limits_a^b{}_2(f)$ 称为 $f(x)$ 在 $[a,b]$ 上的二级全变差 (当 $\bigvee\limits_a^b{}_2(f) = \infty$ 时 $f(x)$ 就不是 $[a,b]$ 上的二级有界变差函数).

(5) 有界变差函数广泛应用于积分论、逼近论、Fourier 分析, 乃至偏微分方程等诸多领域, 从而还有各种推广. 对有界变差函数的应用与推广有兴趣的读者可参阅吴从炘等的著作 [19].

第5章 导数的概念、性质与微分中值定理

5.1 导数的概念

定义 5.1 设函数 $f(x)$ 定义在某区间 I 上, 其中 I 可以是有界闭区间、开区间, 半开半闭区间或无限区间. 给定 $x_0 \in I$, 若

$$\lim_{x \to x_0} \frac{f(x) - f(x_0)}{x - x_0} = \lim_{\Delta x \to 0} \frac{f(x_0 + \Delta x) - f(x_0)}{\Delta x} = \lim_{\Delta x \to 0} \frac{\Delta y}{\Delta x}$$

存在, 则称 $f(x)$ 在 x_0 处可导并且称该极限值为 $f(x)$ 在 x_0 处的导数, 记作 $f'(x_0)$, $y'\,|_{x=x_0}$, $\dfrac{\mathrm{d}y}{\mathrm{d}x}\Big|_{x=x_0}$ 或 $\dfrac{\mathrm{d}f}{\mathrm{d}x}\Big|_{x=x_0}$.

若只有

$$\lim_{x \to x_0+0} \frac{f(x) - f(x_0)}{x - x_0} = f'_+(x_0) \quad \left(\lim_{x \to x_0-0} \frac{f(x) - f(x_0)}{x - x_0} = f'_-(x_0) \right)$$

存在, 则称 $f(x)$ 在 x_0 处为右 (左) 可导且 $f'_+(x_0)$ $(f'_-(x_0))$ 为 $f(x)$ 在 x_0 处的右 (左) 导数, 它们也可记作 $f'(x_0 + 0)$ $(f'(x_0 - 0))$.

如果有

$$\varlimsup_{x \to x_0} \frac{f(x) - f(x_0)}{x - x_0} \quad (\varliminf_{x \to x_0} \frac{f(x) - f(x_0)}{x - x_0})$$

存在, 那么就称 $f(x)$ 在 x_0 处为上 (下) 可导, 该上 (下) 极限值为 $f(x)$ 在 x_0 处的上 (下) 导数. 另外, 还可以定义 $f(x)$ 在 x_0 处的上左 (上右) 与下左 (下右) 等 4 种导数, 如上右导数为

$$\varlimsup_{x \to x_0+0} \frac{f(x) - f(x_0)}{x - x_0}$$

(本书不讨论函数 $f(x)$ 在 x_0 处的上 (下) 导数的相关问题).

当 $f(x)$ 在区间 I 上的每一点都可导, 则称 $f(x)$ 在 I 上是可导的, 又称 $f'(x)$ 为 $f(x)$ 在 I 上的导函数, 导函数也记作 f', y', $\dfrac{\mathrm{d}y}{\mathrm{d}x}$, $\dfrac{\mathrm{d}f}{\mathrm{d}x}$.

注 5.1 若函数 $f(x)$ 的导函数 $f'(x)$ 在 x_0 处可导, 则称 $f'(x)$ 在 x_0 处的导数为 $f(x)$ 在 x_0 处的二阶导数, 记作 $f''(x_0)$, 即

$$f''(x_0) = \lim_{x \to x_0} \frac{f'(x) - f'(x_0)}{x - x_0},$$

这时也称 $f(x)$ 在 x_0 处为二阶可导.

类似地, 可定义三阶导数 $f'''(x_0), \cdots, n$ 阶导数 $f^{(n)}(x_0)$, 二阶及二阶以上的导数都称为高阶导数.

至于在 I 上的高阶导函数的定义, 则与在 I 上的 (一阶) 导函数的定义类似.

注 5.2 若 $f(x)$ 在 x_0 处可导, 则 $f(x)$ 在 x_0 处连续; 但其逆不成立.

事实上, 对任何 $\varepsilon > 0$, 由 $f(x)$ 在 x_0 处可导就有 $\delta_1 > 0$ 使得当 $0 < |x - x_0| < \delta_1$ 时

$$\left| \frac{f(x) - f(x_0)}{x - x_0} - f'(x_0) \right| < 1$$

成立, 即有

$$|f(x) - f(x_0) - f'(x_0)(x - x_0)| < |x - x_0|,$$

于是得到

$$|f(x) - f(x_0)| < |f'(x_0)(x - x_0)| + |x - x_0| = (|f'(x_0)| + 1)|x - x_0|.$$

取 $\delta = \min\left\{\delta_1, \dfrac{\varepsilon}{|f'(x_0)| + 1}\right\}$ 便知当 $0 < |x - x_0| < \delta$ 时有

$$|f(x) - f(x_0)| < \varepsilon$$

(注意当 $x = x_0$ 时 $|f(x) - f(x_0)| = 0 < \varepsilon$ 自然成立), 即 $f(x)$ 在 x_0 处连续.

例 5.1 设 $f(x) = |x| = \begin{cases} x, & x > 0, \\ 0, & x = 0, \\ -x, & x < 0. \end{cases}$ 显然, $f(x)$ 在 $x = 0$ 处连续, 但 $f(x)$ 在 $x = 0$ 处不可导, 这是因为

$$f'(0+0) = f'_+(0) = \lim_{x \to 0+0} \frac{f(x) - f(0)}{x - 0} = \lim_{x \to 0+0} \frac{x}{x} = 1,$$

$$f'(0-0) = f'_-(0) = \lim_{x \to 0-0} \frac{f(x) - f(0)}{x - 0} = \lim_{x \to 0-0} \frac{-x}{x} = -1,$$

故 $\lim_{x \to x_0} \dfrac{f(x) - f(x_0)}{x - x_0}$, 即 $f'(0)$ 不存在.

注意, 对分段函数的分段处, 要用导数定义来求它的导数.

下面我们列出 "教程" 中关于导数最有用的两组公式 (读者应该复习一下 "教程" 中相应的证明).

命题 5.1 (求导法则)   (1) 导数的四则运算: 若 $f(x), g(x)$ 在点 x 处均可导, 则 $f(x) \pm g(x)$, $f(x)g(x)$, $\dfrac{f(x)}{g(x)}$ (除法运算还要求 $g(x) \neq 0$) 在点 x 处也可导, 且

$$(f(x) \pm g(x))' = f'(x) \pm g'(x), \quad (f(x)g(x))' = f'(x)g(x) + f(x)g'(x),$$

$$\left(\frac{f(x)}{g(x)}\right)' = \frac{f'(x)g(x) - f(x)g'(x)}{g^2(x)}.$$

(2) 复合函数的导数: 设函数 $y = f(u)$ 与 $u = g(x)$ 可以复合成函数 $y = f(g(x))$. 若 $u = g(x)$ 在 x 处可导, 且 $y = f(u)$ 在 $u\,(= g(x))$ 处可导, 则复合函数 $f(g(x))$ 在 x 处可导, 且

$$(f(g(x)))' = f'(u)g'(x),$$

或简记为 $\dfrac{\mathrm{d}y}{\mathrm{d}x} = \dfrac{\mathrm{d}y}{\mathrm{d}u} \cdot \dfrac{\mathrm{d}u}{\mathrm{d}x}$.

(3) 设函数 $y = f(x)$ 在 x 处可导, 且其反函数 $x = f^{-1}(y)$ 在 $y(= f(x))$ 处也可导. 若 $f'(x) \neq 0$, 则

$$(f^{-1}(y))' = \frac{1}{f'(x)}.$$

命题 5.2 (基本初等函数的导数公式)　(1) 常量函数的导数: $(c)' = 0$.

(2) 幂函数的导数: $(x^a)' = ax^{a-1}$ (a 为任何实数).

(3) 三角函数的导数: $(\sin x)' = \cos x$, $(\cos x)' = -\sin x$, $(\tan x)' = \sec^2 x$, $(\cot x)' = -\csc^2 x$; $(\sec x)' = \sec x\tan x$, $(\csc x)' = -\csc x\cot x$.

(4) 反三角函数的导数: $(\arcsin x)' = \dfrac{1}{\sqrt{1-x^2}}$, $(\arccos x)' = -\dfrac{1}{\sqrt{1-x^2}}$ ($|x| \leqslant 1$); $(\arctan x)' = \dfrac{1}{1+x^2}$, $(\operatorname{arccot} x)' = -\dfrac{1}{1+x^2}$.

(5) 指数函数的导数: $(\mathrm{e}^x)' = \mathrm{e}^x$, $(a^x)' = a^x \ln a$ ($a > 0$).

(6) 对数函数的导数: $(\ln x)' = \dfrac{1}{x}$, $(\log_a x)' = \dfrac{1}{x \ln a}$ ($a > 0$).

例 5.2　设 $f(x) = \begin{cases} 1 - x, & x < 1, \\ (1-x)(2-x), & 1 \leqslant x \leqslant 2, \\ -(2-x), & x > 2, \end{cases}$　求 $f'(x)$.

解　$f'(x) = \begin{cases} -1, & x < 1, \\ 2x - 3, & 1 \leqslant x \leqslant 2, \\ 1, & x > 2, \end{cases}$　其中 $f'(1) = -1, f'(2) = 1$ 是因为

$$\lim_{x \to 1-0} \frac{f(x) - f(1)}{x - 1} = \lim_{x \to 1-0} \frac{1-x}{x-1} = -1, \quad \lim_{x \to 1+0} \frac{f(x) - f(1)}{x - 1} = -1,$$

$$\lim_{x \to 2-0} \frac{f(x) - f(2)}{x - 2} = \lim_{x \to 2-0} \frac{(1-x)(2-x) - 0}{x - 2} = \lim_{x \to 2-0} -(1-x) = 1,$$

$$\lim_{x \to 2+0} \frac{f(x) - f(2)}{x - 2} = 1.$$

注意到此时有

$$\lim_{x \to 1-0} f'(x) = -1, \quad \lim_{x \to 1+0} f'(x) = \lim_{x \to 1+0} (2x - 3) = -1,$$

即 $f'(x)$ 在 $x = 1$ 处连续, 类似地 $f'(x)$ 在 $x = 2$ 处也连续.

例 5.3   设 $f(x) = \begin{cases} x^2 \sin \dfrac{1}{x}, & x \neq 0, \\ 0, & x = 0, \end{cases}$ 求 $f'(x)$.

解 $f'(x) = \begin{cases} 2x \sin \dfrac{1}{x} - \cos \dfrac{1}{x}, & x \neq 0, \\ 0, & x = 0, \end{cases}$ 其中 $f'(0) = 0$ 是因为

$$\lim_{x \to 0} \frac{f(x) - f(0)}{x - 0} = \lim_{x \to 0} x \sin \frac{1}{x} = 0.$$

注意到这时对 $x_n' = \dfrac{1}{2n\pi}, x_n'' = \dfrac{1}{(2n+1)\pi}$ $(n \in \mathbb{N})$ 有

$$2x_n' \sin \frac{1}{x_n'} - \cos \frac{1}{x_n'} = \frac{1}{n\pi} \sin 2n\pi - \cos 2n\pi = -1,$$

$$2x_n'' \sin \frac{1}{x_n''} - \cos \frac{1}{x_n''} = \frac{2}{(2n+1)\pi} \sin(2n+1)\pi - \cos(2n+1)\pi = 1,$$

即

$$\lim_{x \to 0} \left(2x \sin \frac{1}{x} - \cos \frac{1}{x} \right)$$

并不存在. 因此 $x = 0$ 为 $f'(x)$ 的第二类间断点.

命题 5.3   设 $f(x)$ 在 x_0 处可导且 $\alpha_n < x_0 < \beta_n$ $(n \in \mathbb{N})$, $\lim\limits_{n \to \infty} \alpha_n = \lim\limits_{n \to \infty} \beta_n = x_0$, 则有

$$\lim_{n \to \infty} \frac{f(\beta_n) - f(\alpha_n)}{\beta_n - \alpha_n} = f'(x_0).$$

证明   因为

$$\frac{f(\beta_n) - f(\alpha_n)}{\beta_n - \alpha_n} = \frac{f(\beta_n) - f(x_0) + f(x_0) - f(\alpha_n)}{\beta_n - \alpha_n}$$

$$= \frac{\beta_n - x_0}{\beta_n - \alpha_n} \cdot \frac{f(\beta_n) - f(x_0)}{\beta_n - x_0} - \frac{\alpha_n - x_0}{\beta_n - \alpha_n} \cdot \frac{f(\alpha_n) - f(x_0)}{\alpha_n - x_0},$$

又显然有 $\dfrac{\beta_n - x_0}{\beta_n - \alpha_n} - \dfrac{\alpha_n - x_0}{\beta_n - \alpha_n} = 1$, $\dfrac{\beta_n - x_0}{\beta_n - \alpha_n}, -\dfrac{\alpha_n - x_0}{\beta_n - \alpha_n} \in [0, 1]$, 故得

$$\left| \frac{f(\beta_n) - f(\alpha_n)}{\beta_n - \alpha_n} - f'(x_0) \right| \leqslant \left| \frac{\beta_n - x_0}{\beta_n - \alpha_n} \right| \left| \frac{f(\beta_n) - f(x_0)}{\beta_n - \alpha_n} - f'(x_0) \right|$$

$$+ \left| \frac{\alpha_n - x_0}{\beta_n - \alpha_n} \right| \left| \frac{f(\alpha_n) - f(x_0)}{\alpha_n - x_0} - f'(x_0) \right| \to 0 \quad (n \to \infty)$$

(注意从 $f'(x_0)$ 存在可推出 $\lim\limits_{n \to \infty} \dfrac{f(\beta_n) - f(x_0)}{\beta_n - x_0} = f'(x_0)$, $\lim\limits_{n \to \infty} \dfrac{f(\alpha_n) - f(x_0)}{\alpha_n - x_0} = f'(x_0)$), 这样

就证明了 $\lim\limits_{n \to \infty} \dfrac{f(\beta_n) - f(\alpha_n)}{\beta_n - \alpha_n} = f'(x_0)$.

推论 5.1   设 $f(x)$ 在 x_0 处可导, 则有

$$\lim_{h \to 0^+} \frac{f(x_0 + h) - f(x_0 - h)}{2h} = f'(x_0).$$

注 5.3　从 $\lim\limits_{h\to 0^+}\dfrac{f(x_0+h)-f(x_0-h)}{2h}$ 存在且 $f(x)$ 在 x_0 处连续推不出 $f'(x_0)$ 存在, 需注意例 5.1, 在 $x=0$ 处有

$$\lim_{h\to 0^+}\frac{f(0+h)-f(0-h)}{2h}=\lim_{h\to 0^+}\frac{|h|-|-h|}{2h}=0.$$

5.2　可导函数与导函数的性质

在 "教程" 中, 可以知道由可导函数 $y=f(x)$ 确定的, 比 4.1 节所提到的单峰曲线更广的多峰曲线 (图 5.1) 也是很有用的, 其中曲线在 $x=x_i$ $(i=1,2,3)$ 处达到峰值, 即在 x_i 的某邻域内 $f(x_i)$ 达到相对的最大或最小值, 简称为极大值或极小值, 并统称极值 ($f(x)$ 在 x_0 处达到极大 (或极小) 值是指: 存在 x_0 的一个邻域 $(x_0-\delta,x_0+\delta)$ 使得对任何 $x\in(x_0-\delta,x_0+\delta)$ 都有

$$f(x_0)\geqslant f(x)\quad(\text{或 } f(x_0)\leqslant f(x))$$

成立. 图 5.1 中 $f(x_2)$ 为极小值, $f(x_1)$ 与 $f(x_3)$ 为极大值, $f(x_1)$ 同时还是曲线在 $[a,b]$ 上的最大值, 而 $f(b)$ 则是曲线在 $[a,b]$ 上的最小值. 另外, 由图 5.1 还可直观地看出: 函数在 $[a,b]$ 上的最大值与最小值可以通过比较函数在两个端点和所有取得极大与极小值的点处的值的大小求得.

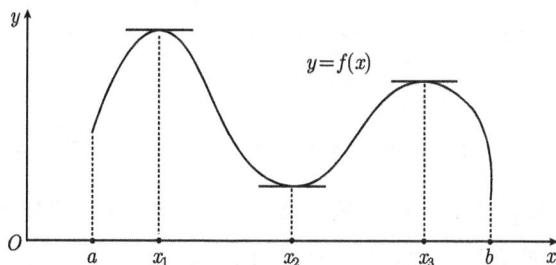

图 5.1

由于 "教程" 中已知: 函数 $y=f(x)$ 在 x_0 处的导数 $f'(x_0)$, 从几何上看就是该函数所确定的曲线在 $(x_0,f(x_0))$ 点的切线斜率. 又由图 5.1 可见曲线在取得极值的点 $(x_i,f(x_i))$, $i=1,2,3$ 的切线都是水平的, 即导数为 0. 因此, 从函数的极值概念的相对性与局部性, 即可想到有如下定理成立:

定理 5.1 (费马, Férmat)　设 $f(x)$ 在 x_0 处取得极大值 (或极小值), 且 $f'(x_0)$ 存在, 则有 $f'(x_0)=0$.

证明　只证 $f(x_0)$ 为极大值的情形. 由假设存在 x_0 的邻域 $(x_0-\delta,x_0+\delta)$ 使得

$$f(x_0)\geqslant f(x),\quad\forall x\in(x_0-\delta,x_0+\delta),$$

于是有

$$\frac{f(x) - f(x_0)}{x - x_0} \leqslant 0, \quad \forall x \in (x_0, x_0 + \delta),$$

$$\frac{f(x) - f(x_0)}{x - x_0} \geqslant 0, \quad \forall x \in (x_0 - \delta, x_0),$$

从而得到

$$f'_+(x_0) = \lim_{x \to x_0 + 0} \frac{f(x) - f(x_0)}{x - x_0} \leqslant 0,$$

$$f'_-(x_0) = \lim_{x \to x_0 - 0} \frac{f(x) - f(x_0)}{x - x_0} \geqslant 0.$$

再由假设知

$$f'(x_0) = f'_+(x_0) \leqslant 0, \quad f'(x_0) = f'_-(x_0) \geqslant 0,$$

由此立得 $f'(x_0) = 0$.

例 5.4　设 $f(x) = \begin{cases} x^3, & x \in [-1, 1], \\ -\dfrac{1}{2}(x-4)^2 + \dfrac{11}{2}, & x \in (1, 5], \end{cases}$　则 $f'(x) = \begin{cases} 3x^2, & x \in [-1, 1], \\ 4-x, & x \in (1, 5], \end{cases}$　其中

$$f'_-(1) = \lim_{x \to 1 - 0} \frac{x^3 - 1}{x - 1} = \lim_{x \to 1 - 0} (x^2 + x + 1) = 3,$$

$$f'_+(1) = \lim_{x \to 1 + 0} \frac{\left(-\dfrac{1}{2}(x-4)^2 + \dfrac{11}{2}\right) - 1}{x - 1} = \lim_{x \to 1 + 0} -\frac{1}{2}(x - 7) = 3,$$

即 $f'(1) = 3$.

另外, 解 $f'(x) = 0$ 可得 $x = 0$ 和 $x = 4$, 但由曲线 $y = x^3$ 和 $y = -\dfrac{1}{2}(x-4)^2 + \dfrac{11}{2}$, 可以看出在 $x = 4$ 处函数 $f(x)$ 取得极大值, 而在 $x = 0$ 处 $f(x)$ 并没有取得极值. 这说明定理 5.1 的逆不成立, 也就是说 $f'(x_0) = 0$ 只是 $f(x)$ 在 x_0 处取得极值的一个必要条件.

命题 5.4　若 $f(x)$ 在 $[a, b]$ 上可导且 $f'(a) < 0$, $f'(b) > 0$ (或 $f'(a) > 0$, $f'(b) < 0$), 则存在 $x_0 \in (a, b)$ 使得

$$f'(x_0) = 0.$$

证明　只证 $f'(a) < 0$ 且 $f'(b) > 0$ 的情形. 因为 $f(x)$ 在 $[a, b]$ 上可导, 所以由注 5.2 和推论 3.2 知 $f(x)$ 在 $[a, b]$ 上可达到最大值与最小值. 又由

$$f'(a) = f'_+(a) = \lim_{x \to a + 0} \frac{f(x) - f(a)}{x - a} < 0$$

可知存在 $\delta > 0$ 使得当 $x \in (a, a + \delta)$ 时有

$$\frac{f(x) - f(a)}{x - a} < 0,$$

即可得

$$f(x) < f(a), \quad \forall x \in (a, a+\delta).$$

类似地有

$$f(x) < f(b), \quad \forall x \in (b-\delta, b).$$

从而 $f(a)$ 与 $f(b)$ 都不是 $f(x)$ 在 $[a,b]$ 上的最小值. 因此, $f(x)$ 必在 (a,b) 内达到最小值, 自然更是 $f(x)$ 的极小值, 于是根据定理 5.1 就有 $x_0 \in (a,b)$ 使得 $f'(x_0) = 0$.

定理 5.2 (导函数的介值定理)　若 $f(x)$ 在 $[a,b]$ 上可导, 且 $f'(a) < f'(b)$ (或 $f'(a) > f'(b)$), 则对任何 $c \in (f'(a), f'(b))$(或 $(f'(b), f'(a))$) 存在 $x_0 \in (a,b)$ 使得

$$f'(x_0) = c.$$

证明　只证 $c \in (f'(a), f'(b))$ 的情形. 令 $g(x) = f(x) - cx$ $(\forall x \in [a,b])$, 则有 $g'(x) = f'(x) - c$ $(\forall x \in [a,b])$, 故得

$$g'(a) = f'(a) - c < 0, \quad g'(b) = f'(b) - c > 0.$$

于是, 由命题 5.4 即知存在 $x_0 \in (a,b)$ 使得 $g'(x_0) = 0$, 从而得到

$$f'(x_0) = c.$$

定理 5.3 (导函数无第一类间断点)　若 $f(x)$ 在 (a,b) 内可导, 则对任何 $x_0 \in (a,b)$, $f'(x)$ 在 x_0 处或者连续或者为第二类间断点.

证明　显然, 只需证: 当

$$\lim_{x \to x_0 - 0} f'(x) = c, \quad \lim_{x \to x_0 + 0} f'(x) = d$$

存在时必有

$$c = d = f'(x_0),$$

即 $f'(x)$ 在 x_0 处连续.

若不然, 则不妨设 $f'(x_0) - c = \varepsilon_0 > 0$. 因为由 $\lim\limits_{x \to x_0 - 0} f'(x) = c$ 便知存在 $\delta > 0$ 使得

$$|f'(x) - c| < \frac{\varepsilon_0}{4}, \quad \forall x \in (x_0 - \delta, x_0)$$

即有

$$f'(x) < c + \frac{\varepsilon_0}{4}, \quad \forall x \in (x_0 - \delta, x_0).$$

任取 $x_1 \in (x_0 - \delta, x_0)$, 则可得

$$f'(x_1) < c + \frac{\varepsilon_0}{4} = (f'(x_0) - \varepsilon_0) + \frac{\varepsilon_0}{4} < f'(x_0),$$

注意到 $c + \frac{\varepsilon_0}{4} \in (f'(x_1), f'(x_0))$, 那么根据定理 5.2 必有 $x^* \in (x_1, x_0)$ 使得

$$f'(x^*) = c + \frac{\varepsilon}{4}.$$

另一方面, 由于 $x^* \in (x_1, x_0) \subset (x_0 - \delta, x_0)$, 又可得到

$$f'(x^*) < c + \frac{\varepsilon}{4},$$

于是发生矛盾.

5.3 微分中值定理

在 "教程" 中, 微分中值定理是指以下三个定理:

罗尔 (Rolle) 中值定理 若函数 $f(x)$ 在 $[a, b]$ 上连续, 在 (a, b) 内可导且 $f(a) = f(b)$, 则存在 $\xi \in (a, b)$ 使得

$$f'(\xi) = 0.$$

拉格朗日 (Lagrange) 中值定理 若函数 $f(x)$ 在 $[a, b]$ 上连续, 在 (a, b) 内可导, 则存在 $\xi \in (a, b)$ 使得

$$f'(\xi) = \frac{f(b) - f(a)}{b - a}.$$

柯西 (Cauchy) 中值定理 若函数 $f(x)$, $g(x)$ 在 $[a, b]$ 上连续, 在 (a, b) 内可导, 且 $g(a) \neq g(b)$, $g'(x) \neq 0$ $(\forall x \in (a, b))$, 则存在 $\xi \in (a, b)$ 使得

$$\frac{f'(\xi)}{g'(\xi)} = \frac{f(b) - f(a)}{g(b) - g(a)}.$$

注 5.4 因为在拉格朗日中值定理中再加上条件: $f(a) = f(b)$ 就得到 $f'(\xi) = \dfrac{f(b) - f(a)}{b - a} = 0$, 这就是罗尔定理, 所以拉格朗日中值定理是罗尔定理的推广. 又在柯西中值定理中取 $g(x) = x$ $(\forall x \in [a, b])$ 就得到 $f'(\xi) = \dfrac{f'(\xi)}{g'(\xi)} = \dfrac{f(b) - f(a)}{g(b) - g(a)} = \dfrac{f(b) - f(a)}{b - a}$, 这就是拉格朗日中值定理, 也就是说柯西定理是拉格朗日中值定理的推广.

注 5.5 从几何上看, 拉格朗日中值定理的几何意义是: 存在点 $\xi \in (a, b)$ 使曲线 $y = f(x)$ 在 $(\xi, f(\xi))$ 点的切线平行于连接两端点 $(a, f(a))$ 与 $(b, f(b))$ 的弦 (图 5.2).

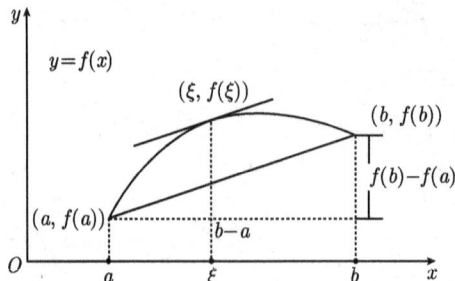

图 5.2

由图 5.2 可见: 作为拉格朗日中值定理特例的罗尔定理的几何意义是曲线在 $(\xi, f(\xi))$ 的切线平行于 x 轴. 又作为拉格朗日定理推广的柯西中值定理的几何意义并没有改变, 只是曲线方程从直角坐标形式 $y = f(x)$ $(a \leqslant x \leqslant b)$ 推广到参数方程形式 $\begin{cases} y = f(t), \\ x = g(t) \end{cases}$ $(a \leqslant t \leqslant b)$(注意在 "教程" 中有相应的求导公式: $\dfrac{\mathrm{d}y}{\mathrm{d}x} = \dfrac{\mathrm{d}y}{\mathrm{d}t} \Big/ \dfrac{\mathrm{d}x}{\mathrm{d}t} = \dfrac{f'(t)}{g'(t)}$, 读者应该查阅这个公式的证明并联系柯西定理中关于 $g(x)$ 的假设来理解它).

注 5.6　在柯西定理中条件 $g(a) \neq g(b)$ 其实是不需要的, 因为由罗尔定理可知: 若 $g(a) = g(b)$, 则存在 $\xi \in (a, b)$ 使得 $g'(\xi) = 0$, 而这和 $g'(x) \neq 0$ $(\forall x \in (a, b))$ 发生矛盾. 除此之外, 这三个定理中的每一个条件都是必需的, 为此考察例 5.1 的函数 $y = |x|$, 易知:

(1) $f(x)$ 在 $[-1, 1]$ 上只不满足罗尔定理中关于在 $(-1, 1)$ 内可导的条件, 罗尔定理结论不成立.

(2) $f(x)$ 在 $[0, 1]$ 上只不满足罗尔定理中关于在两端点 0 与 1 处的函数值相等的条件, 罗尔定理结论不成立.

(3) 只将 $f(x)$ 在 $x = 0$ 处的函数值改变为 1, 而不改变 $(0, 1]$ 上其他点处的函数值时, 所得到的新函数只不满足罗尔定理中关于在 $[0, 1]$ 上连续的条件 (在 $x = 0$ 处此时不连续), 罗尔定理结论不成立.

(4) 对于拉格朗日定理与柯西定理中的条件不完全满足的情形, (1) 与 (3) 也提供了其相应结论不成立的例子.

注 5.7　在 "教程" 中已知拉格朗日中值定理和柯西中值定理的证明都要用到罗尔定理. 下面给出罗尔中值定理的证明:

因为 $f(x)$ 在 $[a, b]$ 上连续, 所以由推论 3.2 知 $f(x)$ 在 $[a, b]$ 上必可达到最大值 M 和最小值 m.

(1) 若 $M = m$, 则有 $f(x) = M$ $(\forall x \in [a, b])$, 于是由命题 5.2 的 (1) 有 $f'(x) = 0$ $(\forall x \in [a, b])$, 从而定理的结论自然成立.

(2) 若 $M > m$, 则由条件 $f(a) = f(b)$ 便知 M 与 m 中至少有一个不等于 $f(a)$, 不妨设 $M > f(a)$, 并且存在 $x_0 \in (a, b)$ 使得 $f(x_0) = M$, 从而再由 $f'(x_0)$ 存在和费马定理 (定理 5.1) 立得 $f'(x_0) = 0$.

以下利用 "高等代数教程" 中的二阶和三阶行列式改写并推广柯西中值定理.

第一步, 利用二阶行列式将柯西中值定理改写并推广成如下形式:

$$\begin{vmatrix} f(b) - f(a) & g(b) - g(a) \\ f'(\xi) & g'(\xi) \end{vmatrix} = (f(b) - f(a))g'(\xi) - (g(b) - g(a))f'(\xi) = 0,$$

注意这时并不需要 $g'(x) \neq 0$ $(\forall x \in (a, b))$ 的条件.

第二步, 利用三阶行列式和它的依行 (列) 展开定理, 又可将第一步中的二阶行列式形式
进一步表为

$$\begin{vmatrix} A & B & 1 \\ f(b)-f(a) & g(b)-g(a) & 0 \\ f'(\xi) & g'(\xi) & 0 \end{vmatrix} = 1 \cdot \begin{vmatrix} f(b)-f(a) & g(b)-g(a) \\ f'(\xi) & g'(\xi) \end{vmatrix}$$

$$-0 \cdot \begin{vmatrix} A & B \\ f'(\xi) & g'(\xi) \end{vmatrix} + 0 \cdot \begin{vmatrix} A & B \\ f(b)-f(a) & g(b)-g(a) \end{vmatrix}$$

$$= \begin{vmatrix} f(b)-f(a) & g(b)-g(a) \\ f'(\xi) & g'(\xi) \end{vmatrix} = 0,$$

其中 A, B 可以任意选取. 显然, 这等价于

$$\begin{vmatrix} f(a) & g(a) & 1 \\ f(b)-f(a) & g(b)-g(a) & 0 \\ f'(\xi) & g'(\xi) & 0 \end{vmatrix} = 0,$$

再利用该行列式的第一行依次加到第二行其值不变, 还可表成

$$\begin{vmatrix} f(a) & g(a) & 1 \\ f(b) & g(b) & 1 \\ f'(\xi) & g'(\xi) & 0 \end{vmatrix} = 0. \tag{5.1}$$

因此, 借助行列式应该可以将柯西中值定理推广为:

命题 5.5　若 $f(x), g(x)$ 在 $[a,b]$ 上连续, 在 (a,b) 内可导, 则存在 $\xi \in (a,b)$ 使得 (5.1)
成立.

注意到对 $h(x) = 1$ $(\forall x \in [a,b])$ 有 $h(a) = h(b) = 1$ 和 $h'(x) = 0$ $(\forall x \in [a,b])$, 于是又可想
到命题 5.5 还应该能够推广到三个函数的情形, 也就是有如下的定理:

定理 5.4　若函数 $f(x), g(x), h(x)$ 在 $[a,b]$ 上连续, 在 (a,b) 内可导, 则存在 $\xi \in (a,b)$ 使
得

$$\begin{vmatrix} f(a) & g(a) & h(a) \\ f(b) & g(b) & h(b) \\ f'(\xi) & g'(\xi) & h'(\xi) \end{vmatrix} = 0.$$

证明　命

$$F(x) = \begin{vmatrix} f(a) & g(a) & h(a) \\ f(b) & g(b) & h(b) \\ f(x) & g(x) & h(x) \end{vmatrix},$$

根据三阶行列式的性质: 若行列式中有两行 (或列) 完全相同, 则行列式的值为 0, 立得

$$F(a) = F(b) = 0.$$

又由三阶行列式的定义知

$$F(x) = (g(a)h(b) - g(b)h(a))f(x) + (h(a)f(b) - h(b)f(a))g(x)$$

$$+ (f(a)g(b) - f(b)g(a))h(x),$$

再由命题 5.1 又知 $F(x)$ 在 (a,b) 内可导且

$$F'(x) = (g(a)h(b) - g(b)h(a))f'(x) + (h(a)f(b) - h(b)f(a))g'(x)$$
$$+ (f(a)g(b) - f(b)g(a))h'(x)$$
$$= \begin{vmatrix} f(a) & g(a) & h(a) \\ f(b) & g(b) & h(b) \\ f'(x) & g'(x) & h'(x) \end{vmatrix}.$$

因而, 利用罗尔定理即可得到所欲证的结论.

注 5.8 定理 5.4 的获证, 表明它的特例: 命题 5.5, 柯西中值定理和拉格朗日中值定理也都得到了证明. 关于定理 5.4 可看文献 [20]145 页的例 3.2.6.

注 5.9 从 "空间解析几何教程" 中的矢量代数等可得知: 定理 5.4 中的三阶行列式的值为 0 说明

$$(f(a), g(a), h(a)), \quad (f(b), g(b), h(b)), \quad (f'(\xi), g'(\xi), h'(\xi))$$

这三个矢量共面, 而 $\begin{cases} x = f(t), \\ y = g(t), \\ z = h(t) \end{cases}$ $(a \leqslant t \leqslant b)$ 又可表示一条空间曲线的参数方程. 因此,

定理 5.4 的几何意义是: 存在点 $\xi \in (a,b)$ 使得空间曲线 $\begin{cases} x = f(t), \\ y = g(t), \\ z = h(t) \end{cases}$ $(a \leqslant t \leqslant b)$ 在该点

的切线矢量 $(f'(\xi), g'(\xi), h'(\xi))$ 与两个端点矢量 $(f(a), g(a), h(a))$ 和 $(f(b), g(b), h(b))$ 共面.

注 5.10 定理 5.4 的引入和其几何意义 (可查阅文献 [21]) 体现了数学分析、高等代数和空间解析几何这三门数学基础课之间的相互联系.

5.4 函数的一致可导性

定义 5.2 称函数 $f(x)$ 在 $[a,b]$ 上为一致可导且其一致导数为 $f'(x)$ 是指: 对任何 $\varepsilon > 0$ 存在 $\delta > 0$ 使得当 $0 < |y - x| < \delta$ 且 $x, y \in [a,b]$ 时有

$$\left| \frac{f(y) - f(x)}{y - x} - f'(x) \right| < \varepsilon \quad (\forall x \in [a,b]).$$

注 5.11 如同函数的一致连续性, 一致可导性是函数在整个区间上的一种特性, 而可导性则是函数在一点处的特性. 也可以说, 前者是整体性质, 后者是局部性质, 两者大不相同. 类似地, 这里的 "一致性" 体现在: 给定 $\varepsilon > 0$ 可找到一个与 x 无关的 "一致的" $\delta > 0$, 从而当 $f(x)$ 在 $[a,b]$ 上为一致可导时自然也就在 $[a,b]$ 的每一点处可导, 即为 $[a,b]$ 上的可导函数.

定理 5.5 设函数 $f(x)$ 定义在 $[a,b]$ 上, 则 $f(x)$ 在 $[a,b]$ 上为一致可导当且仅当 $f'(x)$ 在 $[a,b]$ 上存在且连续.

证明 **必要性** 若 $f(x)$ 在 $[a,b]$ 上一致可导, 则由定义 5.2 知: 对任何 $\varepsilon > 0$ 存在 $\delta > 0$ 使得当 $0 < |y-x| < \delta$ 且 $x,y \in [a,b]$ 时有

$$\left| \frac{f(y)-f(x)}{y-x} - f'(x) \right| < \frac{\varepsilon}{2}, \quad \left| \frac{f(x)-f(y)}{x-y} - f'(y) \right| < \frac{\varepsilon}{2}.$$

由此立得, 当 $0 < |y-x| < \delta$ 且 $x,y \in [a,b]$ 时有

$$|f'(y) - f'(x)| \leqslant \left| f'(y) - \frac{f(x)-f(y)}{x-y} \right| + \left| \frac{f(y)-f(x)}{y-x} - f'(x) \right| < \varepsilon,$$

这表明 $f'(x)$ 在 $[a,b]$ 上一致连续.

充分性 若 $f'(x)$ 在 $[a,b]$ 上连续, 则由定理 3.6 知 $f'(x)$ 在 $[a,b]$ 上一致连续. 于是对任何 $\varepsilon > 0$ 存在 $\delta > 0$ 使得当 $0 < |y-x| < \delta$ 且 $x,y \in [a,b]$ 时有

$$|f'(y) - f'(x)| < \varepsilon.$$

又由拉格朗日中值定理知存在 x 与 y 之间的 ξ(从而自然有 $|\xi - x| < |y - x| < \delta$) 使得

$$f'(\xi) = \frac{f(y)-f(x)}{y-x}.$$

于是得到当 $|y-x| < \delta$ 且 $x,y \in [a,b]$ 时有

$$\left| \frac{f(y)-f(x)}{y-x} - f'(x) \right| = |f'(\xi) - f'(x)| < \varepsilon,$$

即 $f(x)$ 在 $[a,b]$ 上一致可导.

注 5.12 在这里, 本书作者特别要向林群院士表示最衷心的感谢, 是林群院士推荐了 Lax 等 3 人于 1976 年合著的一部微积分著作 [22] 且提供了 1980 年的中译本的第一分册 [23](一元微积分部分). 从而才有机会得知并阅读这位数学巨匠所著的极具特色的微积分教程, 了解到该书以某种意义下的 "一致导数" 作为导数的定义来展开微分学的讨论. 现在中译本也已不易找到, 7.4 节将对文献 [23] 中与本书相关的内容作简要介绍.

林群院士于 1996 年 6 月受聘为河北大学特聘教授和教学改革研究中心主任. 受聘期间, 他在光明日报、人民日报刊出《数学也能看图识字》[24], 在国内率先提出微积分教学改革的创新之路. 在河北大学他主要抓对大学文科数学课贯彻落实教改, 编出教材. 由于参与教改工作的授课教师很多, 教材也由多人合编, 每人承编一个部分, 于是吴从炘应邀协助林先生统编《大学文科数学》一书, 于 2002 年出版, 即文献 [25]. 出于考虑帮助河北大学参加文献 [25] 编写活动相关的青年教师加强和提升微积分的基础理论知识等多方面原因, 吴从炘和任雪昆 2011 年撰写出版了文献 [26].

此后, 林先生进一步致力于探索如何让高中生也能看懂微积分, 并于 2010 年正式出版著作 [27]:《写给高中生的微积分 —— 从曲线求高谈起》.

第6章 微分中值定理的应用与对称导数

6.1 求不定式极限的洛必达法则 —— 柯西中值定理的应用

显然, 对于在点 $x_0 \in (a, b)$ 连续的函数 $f(x)$, 它在 x_0 处是否可导, 就是指极限

$$\lim_{x \to x_0} \frac{f(x) - f(x_0)}{x - x_0}$$

是否存在, 因为分子与分母分别有

$$f(x) - f(x_0) \to 0, \quad x - x_0 \to 0 \quad (x \to x_0),$$

所以上述极限就是一种 $\dfrac{0}{0}$ 型的不定式极限. 在 "教程" 中知道这种不定式极限不是很容易就可以求得, 往往需要一些特殊的技巧. 如基本初等函数的导数公式中的 $(\sin x)' = \cos x$ 的证明就要用到 $\dfrac{0}{0}$ 型不定式的极限

$$\lim_{x \to 0} \frac{\sin x}{x} = 1$$

(其实, 由 $\lim\limits_{x \to 0} \dfrac{\sin x}{x} = \lim\limits_{x \to 0} \dfrac{\sin x - \sin 0}{x - 0} = 1$ 可知, 这也说明 $\sin x$ 在 $x = 0$ 处的导数值为 1, "教程" 中是将该极限作为两个重要极限之一, 单独给出了它的证明. 顺便指出, 另一个重要极限, 则是 $\lim\limits_{n \to \infty} \left(1 + \dfrac{1}{n}\right)^n = \mathrm{e}$, 即以此极限来定义无理数 $\mathrm{e} = 2.7182\cdots$, 这也是一种类型的不定式极限并可看成是 1^∞ 型的不定式, 这种类型的不定式极限的求法, 注 6.3 再加以讨论).

一般的 $\dfrac{0}{0}$ 型不定式极限应该是

$$\lim_{x \to a} \frac{f(x)}{g(x)} \quad \left(\lim_{x \to a} f(x) = \lim_{x \to a} g(x) = 0\right)$$

的形式. 考虑到在上述极限式中 $f(x)$ 与 $g(x)$ 在 $x = a$ 处可以没有定义, 为方便起见, 不妨设 $f(x)$ 与 $g(x)$ 定义在 (a, b) 上, 这样, 当 $f(x)$ 与 $g(x)$ 在 (a, b) 上可导时, 如果补充定义:

$$f(a) = \lim_{x \to a+0} f(x) = 0, \quad g(a) = \lim_{x \to a+0} g(x) = 0,$$

那么对任何 $x \in (a, b)$ 就有 $f(y)$ 与 $g(y)$ 在 $[a, x]$ 上连续, 在 (a, x) 内可导. 假如再要求满足条件: $g'(x) \neq 0 \ (\forall x \in (a, b))$, 则可以利用柯西定理得到: 存在 $\xi \in (a, x)$ 使得

$$\frac{f(x)}{g(x)} = \frac{f(x) - f(a)}{g(x) - g(a)} = \frac{f'(\xi)}{g'(\xi)}.$$

这表明, 倘若 $\lim\limits_{x \to a+0} \dfrac{f'(x)}{g'(x)} = A$ 存在, 自然更有 $\lim\limits_{x \to a+0} \dfrac{f'(\xi)}{g'(\xi)} = A$ $(\xi \in (a, x))$ 成立, 由此立得 $\lim\limits_{x \to a+0} \dfrac{f(x)}{g(x)} = A.$

综上所述, 可以得到

定理 6.1 $\left(\dfrac{0}{0} \text{ 型不定式的洛必达 (L'Hospital) 法则} \right)$　设

(1) $\lim\limits_{x \to a+0} f(x) = 0,$ $\lim\limits_{x \to a+0} g(x) = 0;$

(2) $f'(x)$ 与 $g'(x)$ 在 $(a, a + \delta)$ $(\delta > 0)$ 上存在且 $g'(x) \neq 0$, 并有

$$\lim_{x \to a+0} \frac{f'(x)}{g'(x)} = A,$$

则

$$\lim_{x \to a+0} \frac{f(x)}{g(x)} = A.$$

注 6.1　从上述讨论过程中, 容易看出当 $A = \infty$ 时定理 6.1 也适用. 另外, 对 $\dfrac{0}{0}$ 型 $(x \to \infty)$, $\dfrac{\infty}{\infty}$ 型 $(x \to a$ 与 $x \to \infty)$ 等不定式相应的洛必达法则的表述和证明, 此处均从略, 读者应该查看 "教程" 的相关部分.

例 6.1　求 $\lim\limits_{x \to 0} \dfrac{\sin mx}{\sin nx}$.

解　这是 $\dfrac{0}{0}$ 型不定式, 用洛必达法则可得

$$\lim_{x \to 0} \frac{\sin mx}{\sin nx} = \lim_{x \to 0} \frac{m \cos mx}{n \cos nx} = \frac{m}{n}.$$

例 6.2　求 $\lim\limits_{x \to +\infty} \dfrac{\ln x^2}{x}$.

解　这是 $\dfrac{\infty}{\infty}$ 型不定式, 用洛必达法则可得

$$\lim_{x \to +\infty} \frac{\ln x^2}{x} = \lim_{x \to +\infty} \frac{\frac{1}{x^2} \cdot 2x}{1} = \lim_{x \to +\infty} \frac{2}{x} = 0.$$

注 6.2　对于 $0 \cdot \infty$ 型不定式, 它可化为 $\dfrac{1}{\infty} \cdot \infty$, 即 $\dfrac{\infty}{\infty}$ 型, 或化为 $0 \cdot \dfrac{1}{0}$ 型, 即 $\dfrac{0}{0}$ 型不定式. 又 $\infty - \infty$ 型不定式可化为 $\dfrac{1}{0} - \dfrac{1}{0}$ 型, 即 $\dfrac{0 - 0}{0 \cdot 0}$ 型, 亦即 $\dfrac{0}{0}$ 型不定式, 然后再用洛必达法则, 求得极限.

例 6.3　求 $\lim\limits_{x\to 0+0} x\ln x$.

解　这是 $0\cdot\infty$ 不定式, 其极限应化为 $\dfrac{\infty}{\infty}$ 型而求得:

$$\lim_{x\to 0+0} x\ln x = \lim_{x\to 0+0}\frac{\ln x}{\dfrac{1}{x}} = \lim_{x\to 0+0}\frac{\dfrac{1}{x}}{\dfrac{-1}{x^2}} = \lim_{x\to 0+0}(-x) = 0.$$

例 6.4　求 $\lim\limits_{x\to 0}\left(\dfrac{1}{x}-\dfrac{1}{\sin x}\right)$.

解　这是 $\infty-\infty$ 型不定式, 可通过通分化为 $\dfrac{0}{0}$ 型不定式并利用两次洛必达法则求得:

$$\lim_{x\to 0}\left(\frac{1}{x}-\frac{1}{\sin x}\right)=\lim_{x\to 0}\frac{\sin x - x}{x\sin x}=\lim_{x\to 0}\frac{\cos x - 1}{\sin x + x\cos x}$$
$$=\lim_{x\to 0}\frac{-\sin x}{\cos x + \cos x - x\sin x}=0.$$

注 6.3　对于 1^{∞} 型, 0^0 型及 ∞^0 型不定式, 可通过取对数化为 $\infty\cdot\ln 1$ 型, $0\cdot\ln 0$ 型及 $0\cdot\ln\infty$ 型 (这些都只是记号!), 即化为 $\infty\cdot 0$ 型, $0\cdot\infty$ 型及 $0\cdot\infty$ 型不定式, 然后再用注 6.2 的方法, 求得极限.

例 6.5　求 $\lim\limits_{x\to 0^+}\left(1+\dfrac{2}{x}\right)^x$.

解　对本题的 ∞^0 型不定式 $\left(1+\dfrac{2}{x}\right)^x$, 取对数后, 再求极限 (按注 6.2 的方法) 得

$$\lim_{x\to 0^+}\ln\left(1+\frac{2}{x}\right)^x=\lim_{x\to 0^+}x\ln\left(1+\frac{2}{x}\right)=\lim_{x\to 0^+}\frac{\ln\left(1+\dfrac{2}{x}\right)}{\dfrac{1}{x}}$$
$$=\lim_{x\to 0^+}\frac{\dfrac{1}{1+\dfrac{2}{x}}\cdot\dfrac{-2}{x^2}}{\dfrac{-1}{x^2}}=\lim_{x\to 0^+}\frac{2}{1+\dfrac{2}{x}}=0,$$

于是就有

$$\lim_{x\to 0^+}\left(1+\frac{2}{x}\right)^x=\mathrm{e}^{\lim\limits_{x\to 0^+} x\ln\left(1+\frac{2}{x}\right)}=\mathrm{e}^0=1.$$

注 6.4　由于不定式只有 $\dfrac{0}{0}$, $\dfrac{\infty}{\infty}$, $0\cdot\infty$, $\infty-\infty$, 1^{∞}, 0^0 及 ∞^0 等 7 种类型, 所以, 利用洛必达法则求不定式的极限无疑是一种非常方便的普遍方法, 然而当洛必达法则所要求的条件不满足时, 并不能说明该不定式的极限一定不存在, 可设法采用其他方法去寻求.

例 6.6　求 $\lim\limits_{x\to\infty}\dfrac{2x+\sin x}{x}$.

解　这是 $\dfrac{\infty}{\infty}$ 型不定式, 对分子与分母分别求导后得到

$$\lim_{x\to\infty}\frac{2+\cos x}{1}=\lim_{x\to\infty}(2+\cos x),$$

由于上式右边的极限不存在, 所以不能利用洛必达法则求得 $\lim\limits_{x \to \infty} \dfrac{2x + \sin x}{x}$, 但也不能断言该极限不存在. 事实上,

$$\lim_{x \to \infty} \left(\frac{2x + \sin x}{x} \right) = \lim_{x \to \infty} \left(2 + \frac{\sin x}{x} \right) = 2.$$

例 6.7   若 $f''(x_0)$ 存在, 证明

$$\lim_{h \to 0} \frac{f(x_0 + 2h) + f(x_0 - 2h) - 2f(x_0)}{(2h)^2} = f''(x_0).$$

证明   因为 $f''(x_0)$ 存在, 于是就有 x_0 的某个邻域 $(x_0 - \delta, \, x_0 + \delta)$ $(\delta > 0)$, 使得 $f'(x)$ 在该邻域内存在, 自然 $f(x)$ 更是连续的. 因此, 该题左端是一个 $\dfrac{0}{0}$ 型不定式的极限, 根据洛必达法则即得

$$\lim_{h \to 0} \frac{f(x_0 + 2h) + f(x_0 - 2h) - 2f(x_0)}{(2h)^2}$$
$$= \lim_{h \to 0} \frac{f'(x_0 + 2h) \cdot 2 + f'(x_0 - 2h) \cdot (-2)}{8h}$$
$$= \lim_{h \to 0} \frac{f'(x_0 + 2h) - f'(x_0 - 2h)}{4h}.$$

如果该题再加上 "在 x_0 的某个邻域内 $f''(x)$ 存在并在 x_0 处连续" 的条件, 那么上式右边的极限仍为 $\dfrac{0}{0}$ 型不定式, 从而再用一次洛必达法则即可证得所需要的结论:

$$\lim_{h \to 0} \frac{f'(x_0 + 2h) - f'(x_0 - 2h)}{4h} = \lim_{h \to 0} \frac{f''(x_0 + 2h) \cdot 2 - f''(x_0 - 2h)(-2)}{4}$$
$$= \lim_{h \to 0} \frac{f''(x_0 + 2h) + f''(x_0 - 2h)}{2} = f''(x_0).$$

但依题意, 按照 $f''(x_0)$ 的定义仍可以得到

$$\lim_{h \to 0} \frac{f'(x_0 + 2h) - f'(x_0 - 2h)}{4h} = \lim_{h \to 0} \left(\frac{f'(x_0 + 2h) - f'(x_0)}{4h} + \frac{f'(x_0 - 2h) - f'(x_0)}{-4h} \right)$$
$$= \frac{1}{2} \lim_{h \to 0} \frac{f'(x_0 + 2h) - f'(x_0)}{2h}$$
$$+ \frac{1}{2} \lim_{h \to 0} \frac{f'(x_0 - 2h) - f'(x_0)}{-2h} = f''(x_0),$$

于是本题获证.

注 6.5   洛必达法则还可以用来求不定式的数列极限.

例 6.8   求 $\lim\limits_{n \to +\infty} (1 + 2n)^{\frac{1}{n}}$.

解   由例 6.5 知 $\lim\limits_{x \to +\infty} (1 + 2x)^{\frac{1}{x}} = \lim\limits_{y \to 0^+} \left(1 + \dfrac{2}{y} \right)^y = 1$, 即有 $\lim\limits_{n \to +\infty} (1 + 2n)^{\frac{1}{n}} = 1$.

6.2　拉格朗日中值定理的一些应用

命题 6.1　若 $f(x)$ 在 $[a,b]$ 上连续, 且 $f'(x) = 0$ $(\forall x \in (a,b))$, 则存在 $c \in \mathbb{R}$ 使得 $f(x) = c, \ \forall x \in [a,b]$.

证明　由拉格朗日定理知, 对任何 $x \in (a,b]$, 存在 $\xi \in (a,x)$, 使得

$$\frac{f(x) - f(a)}{x - a} = f'(\xi) = 0,$$

即有 $f(x) - f(a) = 0, \ \forall x \in (a,b]$, 于是得到

$$f(x) = f(a), \quad \forall x \in [a,b].$$

命题 6.2　若 $f(x)$ 在 $[a,b]$ 上连续且 $f''(x) = 0$ $(\forall x \in (a,b))$, 则存在 $c, d \in \mathbb{R}$, 使得 $f(x) = cx + d, \ \forall x \in [a,b]$.

证明　由拉格朗日中值定理知, 对任何 $x \in (a,b)$ 存在 $\xi \in (a,x)$ 使得

$$\frac{f(x) - f(a)}{x - a} = f'(\xi),$$

且存在 $\eta \in (a,b)$ 使得

$$\frac{f(b) - f(a)}{b - a} = f'(\eta).$$

显然, 不妨设 $\eta > \xi$(否则, 可类似处理之), 这时就有 $[\xi, \eta] \subset (a,b)$, 于是对 $[\xi, \eta]$ 利用命题 6.1 得到 $f'(\xi) = f'(\eta)$, 从而

$$\frac{f(x) - f(a)}{x - a} = \frac{f(b) - f(a)}{b - a}, \quad \forall x \in (a,b],$$

即有

$$f(x) = f(a) + \frac{f(b) - f(a)}{b - a}(x - a) = cx + d, \quad \forall x \in [a,b],$$

其中 $c = \dfrac{f(b) - f(a)}{b - a}, \ d = f(a) - a\dfrac{f(b) - f(a)}{b - a} = \dfrac{bf(a) - af(b)}{b - a}$.

命题 6.3　若 $f(x)$ 在 $[a,b]$ 上连续, 在 (a,b) 内可导, 则 $f(x)$ 在 $[a,b]$ 上单调增加 (或单调减少) 当且仅当对任何 $x \in (a,b)$ 有 $f'(x) \geqslant 0$(或 $f'(x) \leqslant 0$).

证明　充分性　只证 $f'(x) \geqslant 0$ 的情形.

任取 $[a,b]$ 上两点 x' 与 x'', 不妨设 $a \leqslant x' < x'' \leqslant b$, 由拉格朗日中值定理知存在 $\xi \in (x', \ x'')$ 使得

$$f(x'') - f(x') = f'(\xi)(x'' - x') \geqslant 0,$$

即 $f(x)$ 在 $[a,b]$ 上单调增加.

必要性　只证 $f(x)$ 为单调减少的情形.

对任何 $x_0 \in (a,b)$, 当 $x > x_0$ 与 $x < x_0$ 时均有 $f(x) - f(x_0)$ 与 $x - x_0$ 保持异号, 由此即得

$$\frac{f(x) - f(x_0)}{x - x_0} \leqslant 0, \quad \forall x \neq x_0,$$

再由 $f'(x_0)$ 存在便知

$$f'(x_0) = \lim_{x \to x_0} \frac{f(x) - f(x_0)}{x - x_0} \leqslant 0.$$

注 6.6　在命题 6.3 的假设下, 如果对任何 $x \in (a,b)$ 有 $f'(x) > 0$(或 $f'(x) < 0$), 那么 $f(x)$ 在 $[a,b]$ 上为严格单调增加 (或严格单调减少). 这里, $f(x)$ 在 $[a,b]$ 上为严格单调增加 (减少) 指的是: 对任何 $a \leqslant x' < x'' \leqslant b$ 恒有 $f(x') < (>)f(x'')$. 该结论的证明与命题 6.3 充分性的证明完全相同.

例 6.9　证明不等式 $\dfrac{x}{1+x} < \ln(1+x) < x$, 对 $x > 0$ 均成立.

证明　任给 $x > 0$, 由拉格朗日中值定理可知, 对 $f(x) = \ln(1+x)$ 在 $[0,x]$ 上存在 $\xi \in (0,x)$ 使得

$$f(x) - f(0) = f'(\xi)(x - 0),$$

即有

$$\ln(1+x) = \frac{1}{1+\xi} \cdot x.$$

当 $\xi \in (0,x)$ 时, 显然可得

$$\frac{x}{1+x} < \frac{x}{1+\xi} < x,$$

于是结论获证.

另一证法: 令 $g(x) = x - \ln(1+x) \ (x \geqslant 0)$, 则有

$$g'(x) = 1 - \frac{1}{1+x} = \frac{x}{1+x} > 0, \quad \forall x > 0.$$

由注 6.6 知 $g(x)$ 为严格单调增加, 即可得 $g(x) > g(0) = 0 \ (\forall x > 0)$, 于是有

$$x > \ln(1+x), \quad \forall x > 0.$$

类似地, 易证另一半不等式, 读者可补证之.

例 6.10　证明不等式 $\dfrac{1}{2^{p-1}} \leqslant x^p + (1-x)^p \leqslant 1$, $\forall x \in [0,1]$, $p > 1$.

证明　命 $f(x) = x^p + (1-x)^p \ (x \in [0,1])$, 则有

$$f'(x) = px^{p-1} - p(1-x)^{p-1}, \quad \forall x \in [0,1],$$

故得 $f'\left(\dfrac{1}{2}\right) = 0$ 且对任何 $p > 1$ 有

$$f'(x) < 0 \quad \left(\forall x \in \left(0, \frac{1}{2}\right)\right), \quad f'(x) > 0 \quad \left(\forall x \in \left(\frac{1}{2}, 1\right)\right),$$

即 $f(x)$ 在 $\left[0, \dfrac{1}{2}\right]$ 上严格单调减少, 在 $\left[\dfrac{1}{2}, 1\right]$ 上严格单调增加 (由注 6.6). 由此可见, $f(0) = f(1) = 1$ 为最大值, $f\left(\dfrac{1}{2}\right) = \dfrac{1}{2^{p-1}}$ 为最小值, 也就是说

$$\frac{1}{2^{p-1}} \leqslant x^p + (1-x)^p \leqslant 1, \quad \forall x \in [0,1], \quad p > 1.$$

注 6.7　例 6.10 说明有时也可以通过求出函数的最大值与最小值来证明不等式. 注 6.6 则保证了对 $[a,b]$ 上连续, (a,b) 内可导的函数 $f(x)$, 其最大值与最小值通常可以从 $f(x)$ 在端点处的值 $f(a)$ 与 $f(b)$ 和 $f(x)$ 在 $f'(x)$ 的所有零值点 (即 $f'(x) = 0$) 处的值加以比较而得, 也可参看 5.2 节的第 1 段.

例 6.11　设 $f(x)$ 在 $[a,b]$ 上连续, 在 (a,b) 内可导且 $f(a) = f(b)$. 证明: 若 $f(x)$ 在 $[a,b]$ 上不恒等于一个常数, 则存在 $\xi, \eta \in (a,b)$ 使得

$$f'(\xi) > 0, \quad f'(\eta) < 0.$$

证明　因 $f(x)$ 在 $[a,b]$ 上不恒等于一个常数, 故有 $c \in (a,b)$ 使得 $f(c) \neq f(a) = f(b)$, 不妨设

$$f(c) > f(a) = f(b).$$

对 $[a,c]$ 与 $[c,b]$ 利用拉格朗日中值定理立知存在 $\xi, \eta \in (a,b)$ 使得

$$f'(\xi) = \frac{f(c) - f(a)}{c - a} > 0 \quad (\xi \in (a,c)),$$

$$f'(\eta) = \frac{f(b) - f(c)}{b - c} < 0 \quad (\eta \in (c,b)).$$

例 6.12　若 $P_n(x) = a_0 x^n + a_1 x^{n-1} + \cdots + a_{n-1} x + a_n \ (a_0 \neq 0)$ 为实系数多项式且只有实根, 则 $P_n'(x)$ 也只有实根.

证明　设 $\alpha_1 < \alpha_2 < \cdots < \alpha_m$ 为 $P_n(x)$ 的所有不同实根, 其重数分别为 $k_1, k_2, \cdots, k_m$, 则 $k_1 + k_2 + \cdots + k_m = n$ 且

$$P_n(x) = a_0 (x - \alpha_1)^{k_1} (x - \alpha_2)^{k_2} \cdots (x - \alpha_m)^{k_m}.$$

由罗尔中值定理知, 在 $P_n(x)$ 的两个相邻的不同的根之间必有 $P_n'(x)$ 的一个根, 于是 $P_n'(x)$ 有 $m - 1$ 个不同于 $\alpha_1, \alpha_2, \cdots, \alpha_m$ 的根. 又从

$$P_n'(x) = a_0 k_1 (x-\alpha_1)^{k_1-1}(x-\alpha_2)^{k_2}\cdots(x-\alpha_m)^{k_m}$$
$$+a_0 k_2 (x-\alpha_1)^{k_1}(x-\alpha_2)^{k_2-1}\cdots(x-\alpha_m)^{k_m}$$
$$+\cdots + a_0 k_m (x-\alpha_1)^{k_1}(x-\alpha_2)^{k_2}\cdots(x-\alpha_m)^{k_m-1}$$

可知 $\alpha_1, \alpha_2, \cdots, \alpha_m$ 分别为 $P_n'(x)$ 的 $k_1-1, k_2-1, \cdots, k_m-1$ 重根. 因此, $P_n'(x)$ 至少有

$$(m-1) + (k_1-1) + (k_2-1) + \cdots + (k_m-1)$$
$$= (m-1) + (k_1 + k_2 + \cdots + k_m) - m$$
$$= n-1$$

个实根 (含重根). 最后, 由 "高等代数教程" 中的代数基本定理又知 $P_n'(x)$ 恰有 $n-1$ 个根, 这表明 $P_n'(x)$ 也只有实根.

6.3　对称导数 —— 导数概念的一种推广

定义 6.1　设 $f(x)$ 定义在 $[a,b]$ 上, 对 $x_0 \in (a,b)$, 若

$$\lim_{h\to 0^+} \frac{f(x_0+h) - f(x_0-h)}{2h}$$

存在, 则称该极限值为 $f(x)$ 在 x_0 处的对称导数, 记为 $f^{[l]}(x_0)$, 对称导数也叫做 Schwarz 导数.

注 6.8　令 $k = -h$, 则由下式

$$\lim_{h\to 0^-} \frac{f(x_0+h) - f(x_0-h)}{2h} = \lim_{k\to 0^+} \frac{f(x_0+k) - f(x_0-k)}{2k} = f'(x_0),$$

立即可得 $f^{[l]}(x_0) = \lim\limits_{h\to 0} \dfrac{f(x_0+h) - f(x_0-h)}{2h}$.

命题 6.4　若 $f'(x_0)$ 存在, 则 $f^{[l]}(x_0)$ 也存在且 $f^{[l]}(x_0) = f'(x_0)$.

证明　由推论 5.1 即知

$$\lim_{h\to 0^+} \frac{f(x_0+h) - f(x_0-h)}{2h} = f'(x_0).$$

注 6.9　注意对例 5.1 的 $f(x) = |x|$ 显然有

$$\lim_{h\to 0} \frac{|0+h| - |0-h|}{2h} = 0,$$

即 $f^{[l]}(0) = 0$ 存在, 故由命题 6.4 可知

$$f^{[l]}(x) = \begin{cases} 1, & x > 0, \\ 0, & x = 0, \\ -1, & x < 0. \end{cases}$$

由注 5.3 又知 $f(x) = |x|$ 在 $x = 0$ 处尽管连续, $f'(0)$ 也是不存在的. 这表明即使 $f(x)$ 在 $x = x_0$ 连续, 命题 6.4 的逆命题仍不成立. 也就是说, 对称导数是导数概念的一种 (真) 推广.

现在讨论拉格朗日中值定理能否推广到对称导数的情形, 即下述形式的结论能否成立:

若 $f(x)$ 在 $[a, b]$ 上连续, 在 (a, b) 内对称可导, 则存在 $\xi \in (a, b)$ 使得 $f(b) - f(a) = f^{[l]}(\xi)(b - a)$.

显然, 对注 6.9 中的函数 $f(x) = |x|$, 虽然在关于 0 点对称的区间 $[-h, h]$ $(h > 0)$ 上存在 $x = 0$ 满足

$$f(h) - f(-h) = 0 = f^{[l]}(0)(h - (-h)),$$

但对关于 0 点不对称的区间, 如 $[-1, 2]$ 就不存在 $x_0 \in (-1, 2)$ 使得

$$f(2) - f(-1)(= 1) = f^{[l]}(x_0)(2 - (-1))(= 3f^{[l]}(x_0))$$

成立, 这是因为 $f^{[l]}(x)$ 只能取 $0, -1, 1$ 三个值. 因此, 拉格朗日定理对于对称导数并不成立.

例 6.13　考察比注 6.9 中的 $f(x) = |x|$ 更一般的函数:

$$f(x) = \begin{cases} cx, & x > 0, \\ e, & x = 0, \\ dx, & x < 0, \end{cases}$$

其中 $c, d, e \in \mathbb{R}$ (若取 $c = 1$, $d = -1$, $e = 0$, 即为 $f(x) = |x|$). 由

$$\lim_{h \to 0^+} \frac{f(0 + h) - f(0 - h)}{2h} = \lim_{h \to 0^+} \frac{ch - d(-h)}{2h} = \frac{c + d}{2}$$

和命题 6.4 就可以得到

$$f^{[l]}(x) = \begin{cases} c, & x > 0, \\ \dfrac{c + d}{2}, & x = 0, \\ d, & x < 0. \end{cases}$$

这说明当 $c \neq d$ 时该函数的对称导数恰好取三个值, 并且其中的一个值又恰好是另外两个值的平均值, 另外当 $e \neq 0$ 时这个函数在 $x = 0$ 处还是不连续的.

1992 年 Thomson 证明了如下的定理 6.2 和定理 6.3, 它的证法是初等的, 对这方面有兴趣的读者不妨翻阅一下他的论文即文献 [28].

定理 6.2　设 $\alpha < \gamma < \beta$ 且 $\gamma \neq \dfrac{\alpha + \beta}{2}$, 则不存在对称可导函数使其对称导数恰好取 α, γ, β 这三个值.

在文献 [28] 中还利用类似于定理 6.2 的初等证法给出了 1991 年 Buczolich 和 Laczkovich[29] 的下述定理的一个新的证明.

定理 6.3　设 $\alpha \neq \beta$, 则不存在对称可导函数使其对称导数恰好取 α, β 这两个值.

注 6.10   定理 6.2 与 6.3 说明对称导数的取值与通常导数的取值是何等的不同. 事实上, 导函数的介值定理, 即定理 5.2 表明导函数的取值只能是一个区间或者仅仅是一个单点集 (这一点请读者自行体会之), 而决不会出现取三个值的情形.

注 6.11   从对称导数的定义可知函数 $f(x)$ 在 $x = x_0$ 处的对称导数 $f^{[l]}(x_0)$ 与 $f(x)$ 在 x_0 处的值 $f(x_0)$ 无关, 因之, 更谈不上在 x_0 处的连续性了. 然而, 1983 年 Larson[30] 却证明了

定理 6.4   若函数 $g(x)$ 的对称导数处处存在且有界, 则必有连续函数 $f(x)$ 使其对称导数处处等于 $g(x)$ 的对称导数, 即 $f^{[l]}(x) \equiv g^{[l]}(x)$.

注 6.12   若函数 $f(x)$ 为连续且对称可导, 则由对称导数的定义即得

$$f^{[l]}(x) = \lim_{n \to \infty} \frac{f\left(x + \dfrac{1}{n}\right) - f\left(x - \dfrac{1}{n}\right)}{\dfrac{2}{n}}$$

处处成立, 再根据定义 3.9 便知当对称导数 $f^{[l]}(x)$ 不连续时即为 1 类 Baire 函数.

注意到, 若记 $F(x) = f(x+h) - f(x-h)$, 则有

$$F(x+h) - F(x-h) = (f(x+2h) - f(x)) - (f(x) - f(x-2h))$$
$$= f(x+2h) + f(x-2h) - 2f(x).$$

于是, 引入二阶对称导数的定义如下:

定义 6.2   设 $f(x)$ 定义在 $[a,b]$ 上, 对 $x_0 \in (a,b)$, 若

$$\lim_{h \to 0+} \frac{f(x_0 + 2h) + f(x_0 - 2h) - 2f(x)}{(2h)^2}$$

存在, 则称该极限值为 $f(x)$ 在 x_0 处的二阶对称导数或二阶 Schwarz 导数, 记为 $f^{[l']}(x_0)$. 显然, 有

$$f^{[l']}(x_0) = \lim_{h \to 0} \frac{f(x_0 + 2h) + f(x_0 - 2h) - 2f(x_0)}{(2h)^2}.$$

命题 6.5   若 $f''(x_0)$ 存在, 则 $f^{[l']}(x_0)$ 也存在且 $f^{[l']}(x_0) = f''(x_0)$.

证明   由例 6.7 即知该命题的结论成立.

下面在例 6.7 原证前半段所得到

$$\lim_{h \to 0} \frac{f(x_0 + 2h) + f(x_0 - 2h) - 2f(x_0)}{(2h)^2} = \lim_{h \to 0} \frac{f'(x_0 + 2h) - f'(x_0 - 2h)}{4h}$$

的基础上, 利用对称导数概念给出后半段的另一证法:

由命题 6.4 可知, 在 $f''(x_0)$ 存在的条件下, $f'(x)$ 在 x_0 处的对称导数 $f'^{[l]}(x_0)$ 也存在且 $f'^{[l]}(x_0) = f''(x_0)$, 再由对称导数定义和注 6.8 即得

$$\lim_{h \to 0} \frac{f'(x_0 + 2h) - f'(x_0 - 2h)}{4h} = f'^{[l]}(x_0) = f''(x_0).$$

例 6.14　设 $f(x) = \begin{cases} 3, & x > 0, \\ 2, & x = 0, \\ 1, & x < 0, \end{cases}$ 则易见 $f(x)$ 在 $x = 0$ 处不连续, 从而 $f'(x_0)$ 与

$f''(x_0)$ 自然都不存在, 又显然有

$$f^{[l]}(0) = \lim_{h \to 0^+} \frac{3-1}{2h} = +\infty$$

不存在和

$$f^{[l']}(0) = \lim_{h \to 0^+} \frac{f(0+2h) + f(0-2h) - 2f(0)}{(2h)^2} = \lim_{h \to 0^+} \frac{3+1-2\cdot 2}{(2h)^2} = 0.$$

例 6.15　设 $f(x) = \begin{cases} x^2, & x > 0, \\ 0, & x = 0, \\ -x^2, & x < 0, \end{cases}$ 易知 $f'(x) = \begin{cases} 2x, & x > 0, \\ 0, & x = 0, \\ -2x, & x < 0 \end{cases}$ 在 $x = 0$ 处也连

续且 $f''(0)$ 不存在, 但

$$f^{[l']}(0) = \lim_{h \to 0^+} \frac{(2h)^2 + (-(-2h)^2) - 2\cdot 0}{(2h)^2} = 0.$$

注 6.13　例 6.14 与例 6.15 说明了以下几点:

(1) $f^{[l']}(x_0)$ 存在也不能保证 $f(x)$ 在 x_0 处连续;

(2) $f^{[l']}(x_0)$ 存在不仅不能保证 $f''(x_0)$ 存在, 即使增添 "$f'(x)$ 连续" 的条件仍不能保证 $f''(x_0)$ 的存在;

(3) $f^{[l']}(x_0)$ 存在却不能保证 $f^{[l]}(x_0)$ 的存在, 这是应该格外注意的.

注 6.14　2007 年 Bruch 和 Fishback[31] 又列出二阶对称导数的另一种直接定义的方式, 即

$$f^{[l']}(x) = \lim_{h \to 0} \frac{4}{7} \cdot \frac{2f(x+h) - f\left(x + \dfrac{h}{2}\right) - 2f(x) - f\left(x - \dfrac{h}{2}\right) + 2f(x-h)}{h^2}.$$

定理 6.5 (Schwarz 定理)　若 $f(x)$ 在 $[a,b]$ 上连续且 $f^{[l']}(x) = 0$ $(\forall x \in (a,b))$, 则存在 $c, d \in \mathbb{R}$ 使得

$$f(x) = cx + d, \quad \forall x \in [a,b].$$

* 证明　因为由命题 6.5 知当 $f''(x) = 0$ 时有 $f^{[l']}(x) = 0$ $(\forall x \in (a,b))$, 所以由命题 6.2 及其证明可知: 若本定理的结论成立, 则在

$$f(x) = cx + d, \quad \forall x \in (a,b)$$

中必有

$$c = \frac{f(b) - f(a)}{b - a}, \quad d = \frac{bf(a) - af(b)}{b - a}.$$

因此, 欲证本定理的结论成立, 只需证 $\forall \varepsilon > 0$ 和上面特定的 c 与 d 有

$$|f(x) - (cx + d)| \leqslant \varepsilon, \quad \forall x \in [a, b].$$

注意到由假设 $f^{[\prime\prime]}(x) = 0$ 和明显的等式

$$(f \pm g)^{[\prime\prime]}(x) = f^{[\prime\prime]}(x) \pm g^{[\prime\prime]}(x)$$

立得

$$(f(x) - (cx + d))^{[\prime\prime]} = f^{[\prime\prime]}(x) - (cx + d)^{[\prime\prime]} = 0, \quad \forall x \in (a, b),$$

而由 $\forall x \in [a, b]$ 有 $(b - a)^2 \geqslant (x - a)(b - x) \geqslant 0$ 又可得

$$\left(\frac{\varepsilon}{2}(x - a)(b - x) \right)^{[\prime\prime]} = \left(\frac{\varepsilon}{2}(x - a)(b - x) \right)^{\prime\prime}$$
$$= \left(-\frac{\varepsilon}{2}(x^2 - (a + b)x + ab) \right)^{\prime\prime} = -\varepsilon, \quad \forall x \in (a, b).$$

于是, 自然可以设想只需证 $\forall \varepsilon > 0$ 有

$$|f(x) - (cx + d)| \leqslant \frac{1}{2}\varepsilon(x - a)(b - x), \quad \forall x \in [a, b],$$

即只需证下列两个不等式

$$f(x) - (cx + d) - \frac{\varepsilon}{2}(x - a)(b - x) \leqslant 0,$$
$$-(f(x) - (cx + d)) - \frac{\varepsilon}{2}(x - a)(b - x) \leqslant 0$$

成立.

今只证

$$\phi(x) = f(x) - (cx + d) - \frac{\varepsilon}{2}(x - a)(b - x) \leqslant 0, \quad \forall x \in [a, b].$$

若不然, 则可知连续函数 $\phi(x)$ 在 $[a, b]$ 上必存在最大值 $\phi(x_0) > 0$. 而下述两种情况的讨论表明, 如此的 $x_0 \in [a, b]$ 是不存在的, 因而定理获证.

(1) 若 $x_0 \in (a, b)$, 则有 $\phi(x_0 \pm 2h) \leqslant \phi(x_0)$, 于是

$$\frac{\phi(x_0 + 2h) + \phi(x_0 - 2h) - 2\phi(x_0)}{(2h)^2} \leqslant 0, \quad \forall x_0 \pm 2h \in [a, b],$$

从而有 $\phi^{[\prime\prime]}(x_0) \leqslant 0$, 这与

$$\phi^{[\prime\prime]}(x_0) = (f(x) - (cx + d))^{[\prime\prime]} - \left(\frac{\varepsilon}{2}(x - a)(b - x) \right)^{[\prime\prime]} = \varepsilon > 0$$

发生矛盾.

(2) 易见:

$$\phi(a) = f(a) - (ca + d) = f(a) - \frac{f(b) - f(a)}{b - a} \cdot a - \frac{bf(a) - af(b)}{b - a} = 0,$$

$$\phi(b) = f(b) - (cb + d) = f(b) - \frac{f(b) - f(a)}{b - a} \cdot b - \frac{bf(a) - af(b)}{b - a} = 0.$$

定理 6.6 (广义 Schwarz 定理)　若 $f(x)$ 在 $[a, b]$ 上连续, 在 (a, b) 内 $f^{[\prime\prime]}(x)$ 存在, 且除去有限多个点

$$a < x_1 < x_2 < \cdots < x_m < b$$

外有 $f^{[\prime\prime]}(x) = 0$. 另外, 在 x_i 处只满足较弱的条件:

$$\lim_{h \to 0^+} \frac{f(x_i + 2h) + f(x_i - 2h) - 2f(x_i)}{2h} = 0 \quad (i = 1, 2, \cdots, m),$$

则定理 6.5 的结论仍然成立.

　*　**证明**　对任何 x_i $(i = 1, 2, \cdots, m)$, 根据定理 6.5, 在 $[x_{i-1}, x_i]$ 与 $[x_i, x_{i+1}]$ 上, 我们有

$$f(x) = cx + d, \quad \forall x \in [x_{i-1}, x_i]$$

与

$$f(x) = c'x + d', \quad \forall x \in [x_i, x_{i+1}],$$

并且还有

$$f(x_i) = cx_i + d = c'x_i + d'.$$

因为由假设知

$$\lim_{h \to 0^+} \frac{f(x_i + 2h) + f(x_i - 2h) - 2f(x_i)}{2h}$$
$$= \lim_{h \to 0^+} \left(\frac{f(x_i + 2h) - f(x_i)}{2h} - \frac{f(x_i - 2h) - f(x_i)}{-2h} \right) = 0,$$

又易知 c_i 与 c'_i 分别为直线 $y = cx + d$ 与直线 $y = c'x + d'$ 的斜率, 即有

$$\lim_{h \to 0^+} \frac{f(x_i + 2h) - f(x_i)}{2h} = c', \quad \lim_{h \to 0^+} \frac{f(x_i - 2h) - f(x_i)}{-2h} = c,$$

故得 $c' = c$, 从而就可得到 $d' = d$. 于是, 不难看出 $f(x) = cx + d, \ \forall x \in [a, b]$.

　注 6.15　定理 6.5 与定理 6.6 在函数的三角展开式唯一性研究中有重要应用, 这也是本书介绍对称导数概念的一个原因. 大家都知道函数的傅里叶 (Fourier) 展开式是 "教程" 的一个重要组成部分, 并且广泛应用于众多科技领域, 这也已为人们所认同. 所谓函数 $f(x)$ 的傅里叶展开式是指如下形式的三角展开式, 即展为三角级数:

$$\frac{a_0}{2} + \sum_{n=1}^{\infty} a_n \cos nx + b_n \sin nx,$$

其中 $a_0, a_n, b_n \ (n = 1, 2, \cdots)$ 的值相应地由 $f(x)$, $\cos nx$, $\sin nx \ (n = 1, 2, \cdots)$ 组成的傅里叶系数公式 (该公式, 读者应该从 "教程" 中查阅) 直接确定. 这里, 一个基本的问题是: 当 $f(x)$

展成一个三角级数时, 这个展开式是不是唯一的, 也就是说, 若 $f(x)$ 展成

$$\frac{a_0}{2} + \sum_{n=1}^{\infty} a_n \cos nx + b_n \sin nx$$

和

$$\frac{\alpha_0}{2} + \sum_{n=1}^{\infty} \alpha_n \cos nx + \beta_n \sin nx,$$

则是否一定有

$$a_0 = \alpha_0, \quad a_n = \alpha_n, \quad b_n = \beta_n \quad (n = 1, 2, \cdots).$$

文献 [14] 第 19 章 §4 "函数的三角展开式的唯一性", 对读者无疑是有益的, 如有兴趣可进一步翻阅有关三角级数的专著, 此处从略.

注 6.16   利用从一阶对称导数引入二阶对称导数的方法, 也可以定义高阶对称导数, 然而高阶对称导数却不具有二阶对称导数的良好性质 (如定理 6.5 与定理 6.6 等). 1958 年 Kassimatis[32] 证得.

定理 6.7   当 $n > 2$ 时, $f(x)$ 在 $[a,b]$ 上连续且在 (a,b) 内恒有 $f^{[n]}(x) = 0$ 并不能推出 $f(x)$ 至多为 $n-1$ 次多项式.

这说明 n 阶导数这个相应性质, 当 $n > 2$ 时不能像二阶导数那样推广到 n 阶对称导数的情形.

注 6.17   关于导数概念的一些其他类型的推广, 还可以参看文献 [33].

第7章　黎曼积分与黎曼型积分

7.1　黎曼积分概念、可积条件与网收敛

定义 7.1　设函数 $f(x)$ 在 $[a,b]$ 上有界. 称 $f(x)$ 在 $[a,b]$ 上为黎曼 (Riemann) 可积且其积分值为 $I \in \mathbb{R}$, 记做 $\int_a^b f(x)\mathrm{d}x = I$, 在 "教程" 中通常也称为函数 $f(x)$ 在区间 $[a,b]$ 上的定积分, 是指:

对 $[a,b]$ 的任一分划 P:

$$a = x_0 < x_1 < \cdots < x_n = b$$

和任意节点

$$\xi_i \in [x_{i-1}, x_i] \quad (i = 1, 2, \cdots, n),$$

当 $\|P\| = \max\limits_{1 \leqslant i \leqslant n} \Delta x_i = \max\limits_{1 \leqslant i \leqslant n} (x_i - x_{i-1}) \to 0$ 时有

$$\sigma_{P,\{\xi_i\}} = \sum_{i=1}^n f(\xi_i)\Delta x_i \to I,$$

其含义为: $\forall \varepsilon > 0, \exists \delta > 0$ 使得当 $\|P\| < \delta$ 时有

$$|\sigma_{P,\{\xi_i\}} - I| = \left| \sum_{i=1}^n f(\xi_i)\Delta x_i - I \right| < \varepsilon,$$

其中 $\sigma_{P,\{\xi\}}$ 叫做关于分划 P 与节点 $\{\xi_i\}$ 的黎曼积分和, 简称积分和.

注 7.1　容易看出 "积分和 $\sigma_{P,\{\xi\}}$ 的极限为 I" 中的 "极限" 既不是人们熟知的数列极限, 也不是函数极限. 那么究竟如何才能给出 "定义在所有 $(P,\{\xi_i\})$ 的集上的函数 $\sigma_{P,\{\xi\}}$ 适当的极限概念呢?" 一般拓扑学 (如文献 [2]) 中的 "网收敛" 恰好就为我们提供了定义 7.1 所需要的极限概念. 下面对 "网" 和 "网收敛" 等概念作简单介绍, 进一步知识请阅读文献 [2] 第 2 章.

定义 7.2　设 D 为非空集, $\geqslant$ 为 D 上关系, 则 $(D, \geqslant)$ 为有向集, 即 $\geqslant$ 使得 D 成为有向集, 是指: $\geqslant$ 满足

(D1) 若 $c \geqslant d, d \geqslant e$, 则 $c \geqslant e$ $(\forall c, d, e \in D)$(传递性);

(D2) $d \geqslant d$ $(\forall d \in D)$ (自反性);

(D3) $\forall c, e \in D, \exists d \in D$ 使得 $d \geqslant c$ 且 $d \geqslant e$ (有公共上界性).

定义 7.3   设 $(D, \geqslant)$ 为有向集, $S: D \to \mathbb{R}$ 为 D 上的一个函数, 则称

$$\{S_n, n \in D, \geqslant\}$$

为有向集 $(D, \geqslant)$ 上的一个网.

定义 7.4   网 $\{S_n, n \in D, \geqslant\}$ 收敛于 $s \in \mathbb{R}$ 是指: $\forall \varepsilon > 0, \exists n_0 \in D$ 使得当 $n \geqslant n_0$ 且 $n \in D$ 时有

$$|S_n - s| < \varepsilon.$$

例 7.1   设 $\mathscr{P}_\xi$ 为所有 $(P, \{\xi_i\})$ 的集, 又规定 $\mathscr{P}_\xi$ 上的关系 $\geqslant$ 为

$$(P', \{\xi_i'\}) \geqslant (P'', \{\xi_i''\}) \Leftrightarrow \|P'\| \leqslant \|P''\|, \tag{7.1}$$

其中 $(P', \{\xi_i'\}), (P'', \{\xi_i''\}) \in \mathscr{P}_\xi$.

命 $P' \cup P''$ 为合并 P' 和 P'' 的全部分点所构成的 $[a, b]$ 的分划, 又任取相应于 $P' \cup P''$ 的节点 $\{\xi_i\}$. 显然, $(P' \cup P'', \{\xi_i\}) \in \mathscr{P}_\xi$, 再注意到由 $\|\cdot\|$ 的定义有

$$\|P' \cup P''\| \leqslant \|P'\|, \quad \|P' \cup P''\| \leqslant \|P''\|,$$

即 $(P' \cup P'', \{\xi_i\}) \geqslant (P', \{\xi_i'\})$ 且 $(P' \cup P'', \{\xi_i\}) \geqslant (P'', \{\xi_i''\})$, 亦即 (D3) 成立. 从而易知 $(\mathscr{P}_\xi, \geqslant)$ 是一个有向集.

于是, 黎曼积分和 $\sigma_{P, \{\xi_i\}}$ 就是定义在有向集 $(\mathscr{P}_\xi, \geqslant)$ 上的一个网. 按照网收敛的定义 7.4 知, 网

$$\{\sigma_{P, \{\xi_i\}}, (P, \{\xi_i\}) \in \mathscr{P}_\xi, \geqslant\}$$

收敛于 $I \in \mathbb{R} \Leftrightarrow \forall \varepsilon > 0, \exists (P_0, \{\xi_i^{(0)}\}) \in \mathscr{P}_\xi$ 使得当

$$(P, \{\xi_i\}) \geqslant (P_0, \{\xi_i^{(0)}\}), \quad (P, \{\xi_i\}) \in \mathscr{P}_\xi$$

时有

$$|\sigma_{P, \{\xi_i\}} - I| < \varepsilon.$$

由此, 若记 $\delta = \|P_0\|$, 则由式 (7.1) 可知

$$(P, \{\xi_i\}) \geqslant (P_0, \{\xi_i^{(0)}\}) \Leftrightarrow \|P\| \leqslant \delta.$$

这样一来, 就不难看出定义 7.1 中积分和 $\sigma_{P, \{\xi_i\}}$ 收敛于积分值 I, 其实也就是网 $\{\sigma_{P, \{\xi_i\}}, (P, \{\xi_i\}) \in \mathscr{P}_\xi, \geqslant\}$ 收敛于 I.

注 7.2   请注意, 定义 7.3 与定义 7.4 是就实数网这一特殊情况来表述文献 [2] 中的相应定义. 另外, 对有向集 $(\mathscr{P}_\xi, \geqslant)$ 显然有: 从

$$(P', \{\xi_i'\}) \geqslant (P'', \{\xi_i''\}), \quad (P'', \{\xi_i''\}) \geqslant (P', \{\xi_i'\})$$

并不能推出

$$(P', \{\xi_i'\}) = (P'', \{\xi_i''\}),$$

这也就是为什么在有向集定义中并没有保留部分有序集所具有的反对称性 (即定义 2.3 中的 (P2)) 的一个原因.

例 7.2　设 $\mathscr{P}$ 为 $[a,b]$ 的所有分划 P 的集, 又规定 $\mathscr{P}$ 上的关系 $\succeq$ 为

$$P' \succeq P'' \Leftrightarrow P' \supset P''$$

($P' \supset P''$ 是指: P'' 的一切分点均为 P' 的分点), 则 $(\mathscr{P}, \succeq)$ 是一个有向集, 这只需注意对任何 $P', P'' \in \mathscr{P}$ 恒有 $P' \cup P'' \in \mathscr{P}$ 且

$$P' \cup P'' \succeq P', \quad P' \cup P'' \succeq P''.$$

定义 7.5　设 $f(x)$ 是 $[a,b]$ 上的有界函数. 对 $[a,b]$ 的任一分划 P:

$$a = x_0 < x_1 < \cdots < x_n = b,$$

即 $P \in \mathscr{P}$(在以下的行文中时常不再列出分划 P 的如上具体形式), 记

$$s_P = \sum_{i=1}^n m_i \Delta x_i, \quad S_P = \sum_{i=1}^n M_i \Delta x_i$$

叫做 $f(x)$ 关于分划 P 的小和与大和, 其中

$$m_i = \inf_{x \in [x_{i-1}, x_i]} f(x), \quad M_i = \sup_{x \in [x_{i-1}, x_i]} f(x) \quad (i = 1, 2, \cdots, n).$$

又记

$$m = \inf_{x \in [a,b]} f(x), \quad M = \sup_{x \in [a,b]} f(x).$$

则因 $\forall P \in \mathscr{P}$(和 $(P, \{\xi_i\}) \in \mathscr{P}_\xi$) 有

$$m(b-a) \leqslant \sum_{i=1}^n m_i \Delta x_i = s_P \left(\leqslant \sum_{i=1}^n f(\xi_i) \Delta x_i = \sigma_{P, \{\xi_i\}} \right)$$

$$\leqslant S_P = \sum_{i=1}^n M_i \Delta x_i \leqslant M(b-a), \tag{7.2}$$

故可以定义

$$\underline{\int_a^b} f(x)\mathrm{d}x = \sup_{P \in \mathscr{P}} s_P, \quad \overline{\int_a^b} f(x)\mathrm{d}x = \inf_{P \in \mathscr{P}} S_P,$$

并分别称为 $f(x)$ 在 $[a,b]$ 上的下积分与上积分.

由于 $\forall P', P'' \in \mathscr{P}$, 容易看出从

$$P' \cup P'' \supset P', \quad P''$$

还可推得

$$s_{P'} \leqslant s_{P' \cup P''} \leqslant S_{P' \cup P''} \leqslant S_{P''},$$

从而得到

$$\underline{\int_a^b} f(x)\mathrm{d}x = \sup_{P' \in \mathscr{P}} s_{P'} \leqslant S_{P''} \quad (\forall P'' \in \mathscr{P}),$$

也就是说

$$\underline{\int_a^b} f(x)\mathrm{d}x \leqslant \overline{\int_a^b} f(x)\mathrm{d}x$$

恒成立. 特别当

$$\underline{\int_a^b} f(x)\mathrm{d}x = \overline{\int_a^b} f(x)\mathrm{d}x$$

时我们称 $f(x)$ 在 $[a, b]$ 上为达布 (Darboux) 可积, 其积分值即为这个共同的值.

由不等式 (7.2) 和定义 7.5, 容易猜想黎曼可积与达布可积两者是等价的, 即有

定理 7.1　设 $f(x)$ 在 $[a, b]$ 上有界. 则下列命题等价:

(1) $f(x)$ 在 $[a, b]$ 上黎曼可积;

(2) $\forall \varepsilon > 0, \exists \delta > 0$ 使得对任何 $(P', \{\xi_i'\}), (P'', \{\xi_i''\}) \in \mathscr{P}_\xi$ 且 $\|P'\| < \delta, \|P''\| < \delta$ 时有

$$|\sigma_{P', \{\xi_i'\}} - \sigma_{P'', \{\xi_i''\}}| < \varepsilon;$$

(3) $\forall \varepsilon > 0, \exists \delta > 0$ 使得对任何 $P \in \mathscr{P}$ 且 $\|P\| < \delta$ 时有

$$S_P - s_P = \sum_{i=1}^n (M_i - m_i)\Delta x_i < \varepsilon;$$

(4) $\forall \varepsilon > 0, \exists P \in \mathscr{P}$ 使得 $S_P - s_P = \sum_{i=1}^n (M_i - m_i)\Delta x_i < \varepsilon;$

(5) $f(x)$ 在 $[a, b]$ 上达布可积.

证明　(1)$\Rightarrow$(2)　由实数网收敛的柯西收敛准则 (类似于数列收敛的柯西准则) 即得.

(2)$\Rightarrow$(3)　$\forall \varepsilon > 0$, 由 (2) 可知 $\exists \delta > 0$ 使得对任意 $(P, \{\xi_i'\}), (P, \{\xi_i''\}) \in \mathscr{P}_\xi$ 且 $\|P\| < \delta$ 时有

$$|\sigma_{P, \{\xi_i'\}} - \sigma_{P, \{\xi_i''\}}| < \frac{\varepsilon}{3}.$$

于是

$$\begin{aligned}
S_P - s_P &= \sum_{i=1}^n M_i \Delta x_i - \sum_{i=1}^n m_i \Delta x_i \\
&= \sum_{i=1}^n M_i \Delta x_i - \sum_{i=1}^n f(\xi_i)\Delta x_i + \sigma_{P, \{\xi_i\}} - \sigma_{P, \{\eta_i\}} \\
&\quad + \sum_{i=1}^n f(\eta_i)\Delta x_i - \sum_{i=1}^n m_i \Delta x_i
\end{aligned}$$

$$= \sum_{i=1}^{n} (M_i - f(\xi_i)) \Delta x_i + \sigma_{P,\{\xi_i\}} - \sigma_{P,\{\eta_i\}} + \sum_{i=1}^{n} (f(\eta_i) - m_i) \Delta x_i$$
$$< \frac{\varepsilon}{3} + \frac{\varepsilon}{3} + \frac{\varepsilon}{3} = \varepsilon,$$

这只需取 $\xi_i, \eta_i \in [x_{i-1}, x_i]$ 使得

$$M_i = \sup_{x \in [x_{i-1}, x_i]} f(x) < f(\xi_i) + \frac{\varepsilon}{3(b-a)},$$
$$m_i = \inf_{x \in [x_{i-1}, x_i]} f(x) > f(\eta_i) - \frac{\varepsilon}{3(b-a)} \quad (i = 1, 2, \cdots, n)$$

即可.

(3)$\Rightarrow$(4)　显然成立.

(4)$\Rightarrow$(5)　$\forall \varepsilon > 0$, 由 (4) 可知 $\exists P_\varepsilon \in \mathscr{P}$ 使得

$$\varepsilon > S_{P_\varepsilon} - s_{P_\varepsilon} \geqslant \inf_{P' \in \mathscr{P}} S_{P'} - \sup_{P'' \in \mathscr{P}} s_{P''} = \overline{\int_a^b} f(x) \mathrm{d}x - \underline{\int_a^b} f(x) \mathrm{d}x \geqslant 0.$$

从而, 再由 ε 的任意性立得 $\overline{\int_a^b} f(x)\mathrm{d}x = \underline{\int_a^b} f(x)\mathrm{d}x$, 即 $f(x)$ 在 $[a,b]$ 上为达布可积.

(5)$\Rightarrow$(1)　注意, 类似于有界单调增加 (减少) 数列的极限恰为其上 (下) 确界, 上 (下) 积分

$$\overline{\int_a^b} f(x)\mathrm{d}x \quad \left(\underline{\int_a^b} f(x)\mathrm{d}x \right)$$

应该可以看成是有向集 $(\mathscr{P}, \succeq)$ 上的网 $\{S_P, P \in \mathscr{P}, \succeq\}$ ($\{s_P, P \in \mathscr{P}, \succeq\}$) 的极限. 因此, 如果我们的确能够证明上 (下) 积分可以看成是网 $\{S_P, P \in \mathscr{P}, \geqslant\}$ ($\{s_P, P \in \mathscr{P}, \geqslant\}$) 的极限, 那么根据类似于数列极限的夹挤定理和不等式 (7.2), 不难看出: 从 $f(x)$ 在 $[a,b]$ 上达布可积可推得黎曼可积并且具有相同的积分值, 即

$$\int_a^b f(x)\mathrm{d}x = \overline{\int_a^b} f(x)\mathrm{d}x = \underline{\int_a^b} f(x)\mathrm{d}x.$$

今只证网 $\{S_P, P \in \mathscr{P}, \geqslant\}$ 收敛于 $\overline{\int_a^b} f(x)\mathrm{d}x$.

事实上, $\forall \varepsilon > 0$, 由上积分定义知, $\exists P_0 \in \mathscr{P}$ 且 P_0:

$$a = x'_0 < x'_1 < \cdots < x'_i < \cdots < x'_k = b$$

满足

$$S_{P_0} < \overline{\int_a^b} f(x)\mathrm{d}x + \frac{\varepsilon}{2}.$$

取

$$\delta = \min \left\{ x'_1 - x'_0, x'_2 - x'_1, \cdots, x'_i - x'_{i-1}, \cdots, x'_k - x'_{k-1}, \frac{\varepsilon}{2k(M-m)} \right\},$$

其中 M, m 分别为 $f(x)$ 在 $[a, b]$ 上的上、下确界, 则只需证 $\forall P \in \mathscr{P}, \|P\| < \delta$ 且 P 为

$$a = x_0 < x_1 < \cdots < x_j < \cdots < x_n = b$$

时有

$$S_P - \int_a^{\overline{b}} f(x)\mathrm{d}x < \varepsilon.$$

对 $P_0 \cup P \in \mathscr{P}$, 则自然有 $S_{P_0} - S_{P_0 \cup P} \geqslant 0$. 根据 δ 的取法和 $\|P\| = \max\limits_{1 \leqslant j \leqslant n}(x_j - x_{j-1}) < \delta$ 便知: 任一区间 $[x_{j-1}, x_j]$ 的长度都要小于任一区间 $[x'_{i-1}, x'_i]$ 的长度. 因而, 每一区间 (x_{j-1}, x_j) 中至多有 $\{x'_i\}$ 中的一个点, 于是含有 $\{x'_i\}$ 中点的区间 (x_{j-1}, x_j) 最多只有 k 个, 而对不含 $\{x'_i\}$ 中点的区间 (x_{j-1}, x_j), 在 S_P 和 $S_{P_0 \cup P}$ 中均含相同的项 $M_j(x_j - x_{j-1})$ (M_j 是 $f(x)$ 在 $[x_{j-1}, x_j]$ 上的上确界). 这样一来, 在 $S_P - S_{P_0 \cup P}$ 中只剩下含有 x'_i $(i = 1, 2, \cdots, k)$ 的区间 (x_{j-1}, x_j) 所对应的那些项的差. 显然, 对其中的某一项相应地有

$$
\begin{aligned}
&M_j(x_j - x_{j-1}) - (M_{j1}(x_j - x'_i) + M_{j2}(x'_i - x_{j-1})) \\
&= (M_j - M_{j1})(x_j - x'_i) + (M_j - M_{j2})(x'_i - x_{j-1}) \\
&\leqslant (M - m)(x_j - x_{j-1}) \leqslant (M - m)\|P\| \\
&< (M - m)\delta
\end{aligned}
$$

(M_{j1}, M_{j2} 分别为 $f(x)$ 在 $[x'_i, x_j], [x_{j-1}, x'_i]$ 上的上确界), 从而得到

$$0 \leqslant S_P - S_{P_0 \cup P} < k(M - m)\delta \leqslant \frac{\varepsilon}{2}.$$

总之, $\forall P \in \mathscr{P}$ 且 $\|P\| < \delta$ 都有

$$
\begin{aligned}
0 \leqslant S_P - \int_a^{\overline{b}} f(x)\mathrm{d}x &\leqslant (S_P - S_{P_0 \cup P}) + \left(S_{P_0 \cup P} - \int_a^{\overline{b}} f(x)\mathrm{d}x\right) \\
&< \frac{\varepsilon}{2} + \left(S_{P_0} - \int_a^{\overline{b}} f(x)\mathrm{d}x\right) < \varepsilon,
\end{aligned}
$$

定理证毕.

注 7.3 关于实数网收敛的其他类似于实数列收敛的性质, 本节未作详细介绍. 不妨参考文献 [7] 第 3 章 §1 的相关部分, 在那里称实数网收敛为有向函数的极限. 特别地, 文献 [34](即文献 [5] 的中册) 是一本采用有向函数讲述定积分的教材, 有其特色.

命题 7.1 若 $f(x)$ 在 $[a, b]$ 上连续, 则 $f(x)$ 在 $[a, b]$ 上黎曼可积.

证明 $\forall \varepsilon > 0$, 由 $f(x)$ 在 $[a, b]$ 上的一致连续性知, $\exists \delta > 0$, 使得当 $|x' - x''| < \delta$ 时, 有

$$|f(x') - f(x'')| < \frac{\varepsilon}{b - a},$$

于是由推论 3.2 可知, $\forall P \in \mathscr{P}, \|P\| < \delta$ 有

$$\sum_{i=1}^{n}(M_i - m_i)\Delta x_i < \frac{\varepsilon}{b-a}\sum_{i=1}^{n}\Delta x_i = \varepsilon,$$

再由定理 7.1 的 (3) 即得 $f(x)$ 在 $[a,b]$ 上可积.

命题 7.2　若 $f(x)$ 在 $[a,b]$ 上单调增加 (减少), 则 $f(x)$ 在 $[a,b]$ 上黎曼可积.

证明　只证单调增加情形且不妨设 $f(b) - f(a) > 0$(否则, 由命题 7.1 即知 $f(x)$ 在 $[a,b]$ 上黎曼可积). $\forall \varepsilon > 0$, 取 $\delta = \dfrac{\varepsilon}{f(b)-f(a)}$, 则当 $\|P\| < \delta$ 时, 由于 $M_i = f(x_i), m_i = f(x_{i-1})$, 故得

$$\sum_{i=1}^{n}(M_i - m_i)\Delta x_i = \sum_{i=1}^{n}(f(x_i) - f(x_{i-1}))\Delta x_i$$
$$< \delta \sum_{i=1}^{n}(f(x_i) - f(x_{i-1})) = \delta(f(b) - f(a)) = \varepsilon.$$

命题 7.3　狄利克雷 (Dirichlet) 函数

$$D(x) = \begin{cases} 1, & x \in Q, \\ 0, & x \in [0,1] \setminus Q \end{cases}$$

在 $[0,1]$ 上不是黎曼可积的, 其中 Q 为 $[0,1]$ 中的有理数集 (实际上, 该函数在 3.4 节的例 3.7 讨论过程中已出现过).

证明　显然 $\forall P \in \mathscr{P}$ 有

$$\sum_{i=1}^{n}(M_i - m_i)\Delta x_i = \sum_{i=1}^{n}(1-0)\Delta x_i = \sum_{i=1}^{n}\Delta x_i = 1,$$

故由定理 7.1 的 (4) 便知 $D(x)$ 在 $[0,1]$ 上不可积.

注 7.4　在实变函数论中, 利用勒贝格 (Lebesgue) 测度给出了有界函数在 $[a,b]$ 上黎曼可积的判据, 如见文献 [6] 的 76-77 页, 这就是:

定理 7.2　若 $f(x)$ 是定义在 $[a,b]$ 上的有界函数, 则 $f(x)$ 在 $[a,b]$ 上是黎曼可积的充分必要条件是: $f(x)$ 在 $[a,b]$ 上的不连续点集的勒贝格测度等于零.

该定理准确地刻划了黎曼可积性对被积函数的连续性要求的程度.

注 7.5　建立在勒贝格测度基础上的勒贝格积分是黎曼积分的一种非常有用的推广, 但它却不是无界函数的黎曼积分, 即广义积分 (本章记作 (IR) 积分) 的推广 (反例如见文献 [6] 中第 100 页的例 1). 后来所出现比勒贝格积分更广的 Perron 积分和 Denjoy 积分, 虽然都以 (IR) 积分为特例, 但不好懂. 其实, 勒贝格测度也不容易懂, 因此, 人们期望勒贝格积分能够有一种更简明的黎曼型定义.

7.2　Henstock 积分与 McShane 积分

注意到黎曼积分之所以对被积函数的 "连续性" 程度要求很高, 这是因为定义中要求有一个 "统一的 δ" (它只与 ε 有关, 而与分划的分点无关, 也与节点的选取无关). 如果不这样考虑问题, 也就是不要求有一个 "统一的 δ", 让 δ 与 x 也有关. 粗糙的说, 当被积函数在某点附近性质 "较好" 时可取 δ 大一点, 而当性质 "不好" 时就取 δ 小一点. 那么, 这种修改的结果, 很有可能会扩大 "可积函数" 的范围.

具体来看一下. 原来是: 对统一的

$$\delta(\varepsilon) > \lambda = \|P\| = \max_{1 \leqslant i \leqslant n} (x_i - x_{i-1}),$$

当分点与节点:

$$a = x_0 < x_1 < \cdots < x_n = b,$$

$$\xi_i \in [x_{i-1}, x_i] \ \ (\subset (\xi_i - \delta(\varepsilon), \xi_i + \delta(\varepsilon))) \ \ \ (i = 1, 2, \cdots, n) \tag{7.3}$$

均任意时恒有

$$\left| \sum_{i=1}^{n} f(\xi_i)(x_i - x_{i-1}) - I \right| < \varepsilon.$$

现在是: 对与 x 有关的 $\delta(\varepsilon, x) > 0$, 当节点选取仍然可任意时, 式 (7.3) 括号内的包含关系就未必成立. 因此, 就得选取节点与分点相协调, 以保证式 (7.3) 还能成立.

1957 年 Henstock 引入了以他的名字命名的 Henstock 积分.

定义 7.6　设 $f(x)$ 定义在 $[a,b]$ 上, 则称 $f(x)$ 在 $[a,b]$ 上为 Henstock 可积, 并称其积分值为 $I \in \mathbb{R}$, 记作 (H) $\displaystyle\int_a^b f(x)\mathrm{d}x = I$, 是指:

对任何 $\varepsilon > 0$ 存在 $\delta(\varepsilon, x) > 0$ 使对 $[a,b]$ 的相应于 $\delta(\varepsilon, x)$ 的精细分划 $\{[x_{i-1}, x_i], \xi_i\}_{i=1}^{n}$ (即要求分点与节点相协调地满足式 (7.3)):

$$\begin{cases} a = x_0 < x_1 < \cdots < x_n = b, \\ \xi_i \in [x_{i-1}, x_i] \subset (\xi_i - \delta(\varepsilon, \xi_i), \xi_i + \delta(\varepsilon, \xi_i)) \ (i = 1, 2, \cdots, n), \end{cases}$$

恒有

$$\left| \sum_{i=1}^{n} f(\xi_i)(x_i - x_{i-1}) - I \right| < \varepsilon. \tag{7.4}$$

例 7.3　命题 7.3 中的函数 $D(x)$ 在 $[0,1]$ 上是 Henstock 可积的.

证明　由例 3.7 知 $[0,1]$ 中的所有有理数可表为 $r_1, r_2, \cdots, r_m, \cdots$. 容易猜想: 若 $D(x)$

为 Henstock 可积, 则其积分值为 0. 因为

$$\left| \sum_{i=1}^{n} f(\xi_i)(x_i - x_{i-1}) - 0 \right| \leqslant \left| \sum_{i=1}^{n} f(r_{m_i})(x_i - x_{i-1}) \right| \leqslant \left| \sum_{i=1}^{n} f(r_{m_i}) \cdot 2\delta(\varepsilon, r_{m_i}) \right|$$

$$= 2\sum_{i=1}^{n} \delta(\varepsilon, r_{m_i}) < 2\sum_{m=1}^{\infty} \delta(\varepsilon, r_m),$$

故欲使

$$\left| \sum_{i=1}^{n} f(\xi_i)(x_i - x_{i-1}) - 0 \right| < \varepsilon,$$

只需取

$$\delta(\varepsilon, r_m) = \frac{\varepsilon}{2^{m+1}} \quad (m = 1, 2, \cdots)$$

$\left(\text{这时有 } 2\sum_{m=1}^{\infty} \delta(\varepsilon, r_m) = 2\sum_{m=1}^{\infty} \frac{\varepsilon}{2^{m+1}} = \varepsilon \sum_{m=1}^{\infty} \frac{1}{2^m} = \varepsilon \right).$ 至于当 x 为 $[0,1]$ 中的无理数时, 显然, $\delta(x, \varepsilon)$ 可以任取, 譬如就取 $\delta(x, \varepsilon) = 1$ 即可. 从而得到 $D(x)$ 在 $[0,1]$ 上为 Henstock 可积并且有 (H) $\int_a^b D(x)\mathrm{d}x = 0$.

注 7.6　Henstock 1923 年 6 月 2 日出生于英国的诺丁汉附近, 2007 年 1 月 17 日去世. Mukdowney 在 Real Analysis Exchange, 2007, 32: v-vii 页发表了一篇纪念文章, 这里摘录如下:

"从 1946~2006, 他 (指 Henstock) 发表论文 42 篇, 出版著作 4 种, 其中积分方面 3 本: 1963, 1988, 1991, 另有 1 本线性分析, 1967. 在 20 世纪 50 年代他与 Kurzweil 独立提出实直线上的 Riemann 型积分, 现在称为 Henstock-Kurzweil 积分, 在实直线上它等价于 Denjoy-Perron 积分, 但它具有如此简单的定义并且容易去开展研究. 该积分的绝对收敛形式在实直线上等价于 Lebesgue 积分, 它由 McShane 所发展. 现在已经证明该理论对微分和积分方程、调和分析、概率论和量子力学有用."

下面分别用 (R) 可积、(L) 可积与 (H) 可积表示黎曼可积、勒贝格可积与 Henstock 可积.

命题 7.4　若 $f(x)$ 在 $[a, b]$ 上为 (R) 可积, 则 $f(x)$ 在 $[a, b]$ 上为 (H) 可积, 且

$$(\mathrm{H}) \int_a^b f(x)\mathrm{d}x = (\mathrm{R}) \int_a^b f(x)\mathrm{d}x.$$

证明　因为 $f(x)$ 在 $[a, b]$ 上为 (R) 可积, 故由定义 7.1 有 $\delta(\varepsilon) > 0$ 使得当 $\max\limits_{1\leqslant i\leqslant n}(x_i - x_{i-1}) < \delta(\varepsilon)$ 时有式 (7.4) 成立, 又由 (H) 积分定义的引入过程知: 此时式 (7.3) 自然成立. 这表明, 取

$$\delta(\varepsilon, x) = \delta(\varepsilon) \quad (\forall x \in [a, b]),$$

则 $\{[x_{i-1}, x_i], \xi_i\}_{i=1}^n$ 就是相应于 $\delta(\varepsilon, x)$ 的精细分划且式 (7.4) 成立, 即 $f(x)$ 在 $[a, b]$ 上为 (H) 可积并有相同的积分值.

命题 7.5　若 $f(x)$ 在 $[a, b]$ 上为 (IR) 可积, 则 $f(x)$ 在 $[a, b]$ 上为 (H) 可积, 且

$$(H) \int_a^b f(x)\mathrm{d}x = (IR) \int_a^b f(x)\mathrm{d}x.$$

这里 $f(x)$ 为 (IR) 可积 (其中 $f(x)$ 只在 $c \in [a, b]$ 的某个邻域内无界) 指的是: $\forall \varepsilon > 0$, $f(x)$ 在 $[a, c - \varepsilon]$ 和 $[c + \varepsilon, b]$ 上可积, 则定义

$$(IR) \int_a^b f(x)\mathrm{d}x = \lim_{\varepsilon \to 0+} (R) \int_a^{c-\varepsilon} f(x)\mathrm{d}x + \lim_{\varepsilon \to 0+} (R) \int_{c+\varepsilon}^b f(x)\mathrm{d}x,$$

当上式右端中的两个极限均存在时.

命题 7.6　若 $f(x)$ 在 $[a, b]$ 上为 (L) 可积, 则 $f(x)$ 在 $[a, b]$ 上为 (H) 可积, 且

$$(H) \int_a^b f(x)\mathrm{d}x = (L) \int_a^b f(x)\mathrm{d}x.$$

注 7.7　命题 7.4～ 命题 7.6 表明: 将 (R) 积分的定义经过如上修改后所引入的 (H) 积分, 不仅推广了 (R) 积分, 同时还是 (IR) 积分与 (L) 积分的推广. 关于命题 7.5 与 7.6 的证明, 参看文献 [35] 中第 10 页定理 1.2.7 与 38 页定理 2.4.2 的相关部分.

文献 [35] 中的第 40 页还进一步指出: "$f(x)$ 在 $[a, b]$ 上为 (L) 可积当且仅当 $f(x)$ 在 $[a, b]$ 上为绝对 (H) 可积 (即 $f(x)$ 与 $|f(x)|$ 均为 (H) 可积)". 正是 (L) 积分 (自然包括 (R) 积分) 的绝对可积性使得 (L) 积分并不能以 (IR) 积分作为其特例.

为了说明 Henstock 积分定义的合理性, 需要证明:

命题 7.7　对任何 $[a, b]$ 上的正函数 $\delta(x) > 0$ 必存在与之相应的精细分划 $\{[x_{i-1}, x_i], \xi_i\}_{i=1}^n$ (为简明起见, 在定义 7.6 中当取定 $\varepsilon > 0$ 时, 我们用 $\delta(x)$ 替代那里所采用的 $\delta(\varepsilon, x)$).

证明　粗略地说, 只要选出有限多个开区间

$$\{(\xi_i - \delta(\xi_i), \xi_i + \delta(\xi_i))\},$$

它覆盖了 $[a, b]$, 再在相邻的两个这样的开区间的公共部分中选取 x_i, 即可构造出所需要的相应于 $\delta(x)$ 的精细分划.

现证明如下: 因为开区间族

$$\{(x - \delta(x), x + \delta(x)) : \forall x \in [a, b]\}$$

显然, 覆盖了 $[a, b]$, 故由第 1 章实数基本定理 2 的 (5) 便知, 存在有限多个开区间

$$\{(\xi_i - \delta(\xi_i), \xi_i + \delta(\xi_i)) : i = 1, 2, \cdots, n\}$$

即可覆盖 $[a, b]$, 并且还不妨设:

(1) 其中的每一个开区间都不可能包含在另一个或几个开区间的并内 (否则就删去这样的开区间);

(2) 设 $\xi_1 < \xi_2 < \cdots < \xi_n$.

于是, 取

$$x_i \in (\xi_i - \delta(\xi_i), \xi_i + \delta(\xi_i)) \cap (\xi_{i+1} - \delta(\xi_{i+1}), \xi_{i+1} + \delta(\xi_{i+1})) \quad (i = 1, 2, \cdots, n-1),$$

$$x_0 = a, \quad x_n = b,$$

则 $\{[x_{i-1}, x_i], \xi_i\}_{i=1}^n$ 即为与 $\delta(x)$ 相应的精细分划.

(H) 积分也有与 (R) 积分相同的如下初等性质 (由命题 7.4 即知 (R) 积分的情形, 就不需要另外证明了).

命题 7.8　(1)(区间可加性) 若 $f(x)$ 在 $[a, c]$ 及 $[c, b]$ 上均为 (H) 可积, 则 $f(x)$ 在 $[a, b]$ 上 (H) 可积, 且

$$(\mathrm{H}) \int_a^b f(x)\mathrm{d}x = (\mathrm{H}) \int_a^c f(x)\mathrm{d}x + (\mathrm{H}) \int_c^b f(x)\mathrm{d}x.$$

(2) (关于被积函数的线性性) 若 $f(x), g(x)$ 在 $[a, b]$ 上 (H) 可积, $c \in \mathbb{R}$, 则 $f(x) + g(x)$ 和 $cf(x)$ 在 $[a, b]$ 上也是 (H) 可积的, 且

$$(\mathrm{H}) \int_a^b (f(x) + g(x))\mathrm{d}x = (\mathrm{H}) \int_a^b f(x)\mathrm{d}x + (\mathrm{H}) \int_a^b g(x)\mathrm{d}x,$$

$$(\mathrm{H}) \int_a^b cf(x)\mathrm{d}x = c \cdot (\mathrm{H}) \int_a^b f(x)\mathrm{d}x.$$

(3) (关于被积函数的单调性) 若 $f(x), g(x)$ 在 $[a, b]$ 上 (H) 可积, 且在 $[a, b]$ 上有 $f(x) \leqslant g(x)$, 则

$$(\mathrm{H}) \int_a^b f(x)\mathrm{d}x \leqslant (\mathrm{H}) \int_a^b g(x)\mathrm{d}x.$$

特别, 若 $f(x), |f(x)|$ 在 $[a, b]$ 上 (H) 可积, 则

$$\left| (\mathrm{H}) \int_u^b f(x)\mathrm{d}x \right| \leqslant (\mathrm{H}) \int_u^b |f(x)|\mathrm{d}x.$$

证明　只证 (1). 由假设知: $\forall \varepsilon > 0$ 存在 $[a, c]$ 上的 $\delta_1(x) > 0$ 和 $[c, b]$ 上的 $\delta_2(x) > 0$ 使对相应于 $\delta_1(x)$ 的精细分划 P_1 和相应于 $\delta_2(x)$ 的精细分划 P_2 恒有

$$\left| \sum_{[a,c]}(P_1) - (\mathrm{II}) \int_a^c f(x)\mathrm{d}x \right| < \frac{\varepsilon}{2}, \quad \left| \sum_{[c,b]}(P_2) - (\mathrm{H}) \int_c^b f(x)\mathrm{d}x \right| < \frac{\varepsilon}{2},$$

其中 $\displaystyle\sum_{[a,c]}(P_1)$ 与 $\displaystyle\sum_{[c,b]}(P_2)$ 分别表示相应于 $\delta_k(x)$ 的精细分划 P_k 的积分和 $(k = 1, 2)$. 令

$$\delta(x) = \begin{cases} \min\{\delta_1(x), c - x\}, & x \in [a, c), \\ \min\{\delta_2(x), x - c\}, & x \in (c, b], \\ \min\{\delta_1(c), \delta_2(c)\}, & x = c, \end{cases}$$

则对 $[a,b]$ 上的 $\delta(x) > 0$ 的任何精细分划 P：

$$\begin{cases} a = x_0 < x_1 < \cdots < x_n = b, \\ \xi_i \in [x_{i-1}, x_i] \subset (\xi_i - \delta(\xi_i), \xi_i + \delta(\xi_i)) \quad (i = 1, 2, \cdots, n), \end{cases}$$

可以看出：节点中必有 $\xi_j = c$，于是得到

$$\xi_j = c \in [x_{j-1}, x_j] \subset (c - \delta(c), c + \delta(c)).$$

因此，分划 P 可看成是 $[a,c]$ 上的 $\delta_1(x)$ 的精细分划 P_1 和 $[c,b]$ 上的 $\delta_2(x)$ 的精细分划 P_2 的并 $P_1 \cup P_2$，其中

$$P_1 : a = x_0 < x_1 < \cdots < x_{j-1} < c; \quad \xi_1, \xi_2, \cdots, \xi_j,$$

$$P_2 : c < x_j < \cdots < x_n = b; \quad \xi_j, \xi_{j+1}, \cdots, \xi_n.$$

从而就有

$$\left| \sum_{[a,b]} (P) - (\mathrm{H}) \int_a^c f(x)\mathrm{d}x - (\mathrm{H}) \int_c^b f(x)\mathrm{d}x \right|$$

$$\leqslant \left| \sum_{[a,c]} (P_1) - (\mathrm{H}) \int_a^c f(x)\mathrm{d}x \right| + \left| \sum_{[c,b]} (P_2) - (\mathrm{H}) \int_c^b f(x)\mathrm{d}x \right| < \varepsilon,$$

即 $f(x)$ 在 $[a,b]$ 上为 (H) 可积，且

$$(\mathrm{H}) \int_a^b f(x)\mathrm{d}x = (\mathrm{H}) \int_a^c f(x)\mathrm{d}x + (\mathrm{H}) \int_c^b f(x)\mathrm{d}x.$$

注 7.8 由命题 7.8 的 (1) 的证明可见，其关键是如何从相应于区间 $[a,c]$, $[c,b]$ 的正函数 $\delta_1(x)$ 与 $\delta_2(x)$ 构造出相应于 $[a,b]$ 的 $\delta(x) > 0$，这也正是 (H) 积分与 (R) 积分在性质证明上不同的一个重要方面.

注 7.9 如果在 (H) 积分定义中对精细分划不要求

$$\xi_i \in [x_{i-1}, x_i] \quad (i = 1, 2, \cdots, n),$$

那么所得到的积分显然比 (H) 积分强，叫做 McShane 积分. 这就是

定义 7.7 设 $f(x)$ 定义在 $[a,b]$ 上，则称 $f(x)$ 在 $[a,b]$ 上为 McShane 可积，并称其积分值为 $I \in \mathbb{R}$，记作 $(\mathrm{M}) \int_a^b f(x)\mathrm{d}x = I$，是指：

对任何 $\varepsilon > 0$ 存在 $\delta(\varepsilon, x) > 0$ 使对 $[a,b]$ 的相应于 $\delta(\varepsilon, x)$ 的 McShane 精细分划 $\{[x_{i-1}, x_i], \xi_i\}_{i=1}^n$：

$$\begin{cases} a = x_0 < x_1 < \cdots < x_n = b, \\ [x_{i-1}, x_i] \subset (\xi_i - \delta(\varepsilon, \xi_i), \xi_i + \delta(\varepsilon, \xi_i)) \quad (i = 1, 2, \cdots, n) \end{cases}$$

恒有

$$\left|\sum_{i=1}^{n} f(\xi_i)(x_i - x_{i-1}) - I\right| < \varepsilon.$$

命题 7.9　若 $f(x)$ 在 $[a,b]$ 上为 (M) 可积, 则 $f(x)$ 在 $[a,b]$ 上为 (H) 可积且 (H) $\displaystyle\int_a^b f(x)\mathrm{d}x = $ (M) $\displaystyle\int_a^b f(x)\mathrm{d}x$.

命题 7.10　$f(x)$ 在 $[a,b]$ 上为 (M) 可积当且仅当 $f(x)$ 在 $[a,b]$ 上为 (L) 可积.

注 7.10　关于 (M) 积分的有关讨论可以阅读文献 [35] 的 §2.5 与 §2.4, 显然 (M) 积分就是 (L) 积分的黎曼型定义.

注 7.11　李秉彝是 Henstock 的学生, 1965 年 9 月获得博士学位. 兰州西北师范大学数学系的丁传松 1979 年就对 Henstock 积分很感兴趣. 在丁的热情诚挚地邀请下, 李先生从 1985 年开始每两年去一次 "兰州积分班" 讲课, 共 6 次, 前后长达十年. 文献 [36] 就是李先生首次在 "兰州积分班" 使用的讲义, 而文献 [35] 则是李、丁两位合作的成果. 李先生为甘肃省培养了大批人才, 吴从炘对其中的几位硕士在后续发展时曾协助做些工作. 李先生也为福建集美培养过积分方面的人才. 李先生还与吴从炘合作培养哈尔滨工业大学在 Henstock 积分方面的一名博士生, 并于 1994 年 6 月主持了该生的博士学位论文答辩.

7.3　Riemann-Stieltjes 积分

下面介绍黎曼积分的另一种推广 —— Riemann-Stieltjes 积分.

定义 7.8　设 $f(x), g(x)$ 定义在 $[a,b]$ 上. 称 $f(x)$ 在 $[a,b]$ 上关于 $g(x)$ 为 Riemann-Stieltjes 可积 (简称 (RS) 可积), 并称其积分值为 $I \in \mathbb{R}$, 记作 $\displaystyle\int_a^b f(x)\mathrm{d}g(x) = I$, 是指:

对 $[a,b]$ 的任一分划 P:

$$a = x_0 < x_1 < \cdots < x_n = b$$

和任意节点

$$\xi_i \in [x_{i-1}, x_i] \quad (i = 1, 2, \cdots, n),$$

当 $\|P\| = \max\limits_{1 \leqslant i \leqslant n} \Delta x_i = \max\limits_{1 \leqslant i \leqslant n} (x_i - x_{i-1}) \to 0$ 时有

$$\left|\sum_{i=1}^{n} f(\xi_i)(g(x_i) - g(x_{i-1})) - I\right| \to 0.$$

其含义为: $\forall \varepsilon > 0, \exists \delta > 0$ 使得当 $\|P\| < \delta$ 时有

$$\left|\sum_{i=1}^{n} f(\xi_i)(g(x_i) - g(x_{i-1})) - I\right| < \varepsilon.$$

显然, 当 $g(x) = x$ $(\forall x \in [a, b])$ 时 (RS) 积分就是 (R) 积分.

命题 7.11 设 $\displaystyle\int_a^b f(x)\mathrm{d}g(x)$ 存在, 则 $\displaystyle\int_a^b g(x)\mathrm{d}f(x)$ 也存在, 且有

$$\int_a^b g(x)\mathrm{d}f(x) = (g(b)f(b) - g(a)f(a)) - \int_a^b f(x)\mathrm{d}g(x)$$

证明 对 $[a, b]$ 的任一分划 P:

$$a = x_0 < x_1 < \cdots < x_n = b$$

和任意节点

$$\xi_i \in [x_{i-1}, x_i] \quad (i = 1, 2, \cdots, n),$$

我们有

$$\sum_{i=1}^n g(\xi_i)(f(x_i) - f(x_{i-1})) = \sum_{i=1}^n g(\xi_i)f(x_i) - \sum_{i=1}^n g(\xi_i)f(x_{i-1})$$

$$= g(\xi_n)f(x_n) + \sum_{i=1}^{n-1} g(\xi_i)f(x_i) - \sum_{i=1}^{n-1} g(\xi_{i+1})f(x_i) - g(\xi_1)f(x_0)$$

$$= g(\xi_n)f(b) - g(\xi_1)f(a) - \sum_{i=1}^{n-1} f(x_i)(g(\xi_{i+1}) - g(\xi_i))$$

$$= -f(b)(g(b) - g(\xi_n)) - \sum_{i=1}^{n-1} f(x_i)(g(\xi_{i+1}) - g(\xi_i))$$

$$\quad -f(a)(g(\xi_1) - g(a)) + (f(b)g(b) - f(a)g(a))$$

$$= (g(b)f(b) - g(a)f(a)) - \sum_{i=0}^n f(x_i)(g(\xi_{i+1}) - g(\xi_i)).$$

这时 P':

$$a = \xi_0 \leqslant \xi_1 \leqslant \cdots \leqslant \xi_n \leqslant \xi_{n+1} = b$$

为 $[a, b]$ 的一个分划,

$$x_i \in [\xi_i, \xi_{i+1}] \quad (i = 0, 1, \cdots, n)$$

为相应于分划 P' 的节点.

因为 $\displaystyle\int_a^b f(x)\mathrm{d}g(x)$ 存在, 又易见 $\|P'\| \leqslant 2\|P\|$, 所以当 $\|P\| \to 0$ 时

$$\sum_{i=0}^n f(x_i)(g(\xi_{i+1}) - g(\xi_i)) \to \int_a^b f(x)\mathrm{d}g(x).$$

从而当 $\|P\| \to 0$ 时 $\displaystyle\sum_{i=1}^n g(\xi_i)(f(x_i) - f(x_{i-1}))$ 存在极限, 于是 $\displaystyle\int_a^b g(x)\mathrm{d}f(x)$ 存在, 且有

$$\int_a^b g(x)\mathrm{d}f(x) = (g(b)f(b) - g(a)f(a)) - \int_a^b f(x)\mathrm{d}g(x).$$

注 7.12　(RS) 积分不同于 (R) 积分, 从 $a < c < b$ 和

$$\int_a^c f(x)\mathrm{d}g(x), \quad \int_c^b f(x)\mathrm{d}g(x)$$

存在并不能推出 $\int_a^b f(x)\mathrm{d}g(x)$ 存在.

例 7.4　设 $f(x) = \begin{cases} 1, & 0 \leqslant x < \frac{1}{2}, \\ 2, & \frac{1}{2} \leqslant x \leqslant 1, \end{cases}$　$g(x) = \begin{cases} 3, & 0 \leqslant x \leqslant \frac{1}{2}, \\ 4, & \frac{1}{2} < x \leqslant 1, \end{cases}$　则易见

$$\int_0^{\frac{1}{2}} f(x)\mathrm{d}g(x) = 0, \quad \int_{\frac{1}{2}}^1 f(x)\mathrm{d}g(x) = 2,$$

这是因为对 $\left[0, \dfrac{1}{2}\right]$ 的任何分划 P_1 恒有

$$g(x_i^{(1)}) - g(x_{i-1}^{(1)}) = 0 \quad (i = 1, 2, \cdots, n_1)$$

(注意 $x_{n_1}^{(1)} = \dfrac{1}{2}$), 又对 $\left[\dfrac{1}{2}, 1\right]$ 的任何分划 P_2, 除

$$g(x_1^{(2)}) - g(x_0^{(2)}) = 1$$

外均有 $g(x_i^{(2)}) - g(x_{i-1}^{(2)}) = 0$ (注意 $x_0^{(2)} = \dfrac{1}{2}$). 但对于 $[0, 1]$ 的任一这样的分划 P:

$$0 = x_0 < x_1 < \cdots < x_{m-1} < x_m < \cdots < x_n = 1,$$

其中 $x_{m-1} < \dfrac{1}{2}, x_m > \dfrac{1}{2}$, 显然有

$$g(x_m) - g(x_{m-1}) = 1, \quad g(x_i) - g(x_{i-1}) = 0 \quad (i \neq m).$$

因此, 当取 $\xi_m^{(1)} \in \left[x_{m-1}, \dfrac{1}{2}\right), \xi_m^{(2)} \in \left[\dfrac{1}{2}, x_m\right]$, 而其他的 $\xi_i^{(j)}$ $(j = 1, 2, i \neq m)$ 可任取时, 就有相应的 (RS) 积分和为

$$\sum_{i=1}^n f(\xi_i^{(1)})(g(x_i) - g(x_{i-1})) = f(\xi_m^{(1)})(g(x_m) - g(x_{m-1})) = 1,$$

$$\sum_{i=1}^n f(\xi_i^{(2)})(g(x_i) - g(x_{i-1})) = f(\xi_m^{(2)})(g(x_m) - g(x_{m-1})) = 2.$$

在这种情况下, 当 $\|P\| \to 0$ 时有 $\dfrac{1}{2} > \xi_m^{(1)} \to \dfrac{1}{2}$ 和 $\dfrac{1}{2} \leqslant \xi_m^{(2)} \to \dfrac{1}{2}$, 从而相应的 (RS) 积分和趋

于两个不同的数值 1 与 2, 于是 $\int_0^1 f(x)\mathrm{d}g(x)$ 不存在.

注意到 $\frac{1}{2}$ 为 $f(x), g(x)$ 在 $[0,1]$ 上的公共不连续点, 更一般地还有:

命题 7.12　若 $f(x), g(x)$ 在 $[a,b]$ 上有公共的不连续点, 则 $\int_a^b f(x)\mathrm{d}g(x)$ 不存在.

关于 (RS) 积分常见的存在定理为:

命题 7.13　若 $f(x)$ 在 $[a,b]$ 上连续, $g(x)$ 在 $[a,b]$ 上为有界变差, 则 $\int_a^b f(x)\mathrm{d}g(x)$ 存在, 且有

$$\left| \int_a^b f(x)\mathrm{d}g(x) \right| \leqslant \max_{a \leqslant x \leqslant b} |f(x)| \cdot \bigvee_a^b (g)$$

注 7.13　有关命题 7.12 与 7.13 的证明, 见文献 [1] 的附录 (I). 至于 (RS) 积分的相关知识也可参看文献 [37].

7.4　Lax 教程中的一元微积分

P. D. Lax (1926~) 是著名数学家, 1987 年获 Wolf 奖, 2005 年获第三届 Abel 奖. 他十分重视数学基础课的教材建设, 1976 年与其他两位美国数学家合著了一部极具特色的微积分 [22]. 1980 年由北京大学、南京大学与南京师范学院的 8 位老师合译了该书, 分两册出版, 一元微积分在第一册 [23].

注 7.14　第二册包括概率论及其应用、旋转和三角函数、振动、群体总数的演变和化学反应等后 4 章及若干 FORTRAN 程序及其使用说明.

根据本书的取材与风格, 我们将 Lax 著作中关于一元微积分的主要内容与特点概述如下.

(1) 实数部分 (参看文献 [23] 第一章)

Lax 主张把实数表示为十进制的无穷小数: $a = n.a_1 a_2 \cdots$, 其中 n 为整数部分. 这时两个实数的大小, 对于正数 a, b 可以这样比较, 先看整数部分, 如果他们中的一个大于另一个, 那么整数部分大的数就大. 如果它们的整数部分相等, 就比第一位小数, 如果还是相等, 继续向右比下一位数字. 由于两个实数不相等, 所以它们的整数部分和小数部分的数字不会全相等, 于是比过有限步后总能比出大小. 从而有限多个实数一定有一个最大的. 显然, 无穷多个正实数未必存在最大者. 因之需要并且很容易地可以依照本书方式引入实数集 S 的上界和最小上界的概念. 这样, 本书实数基本定理 3 的 (7*) 即为

命题 7.14　凡有上界的实数集都有一个最小上界 (此即文献 [23]39 页的最小上界定理).

关于该定理, 文献 [23] 中的证明方法是: 不妨只考虑有上界的正实数集 S, 并且还可以假设上界 K 是 1(否则, 可以用 K 去除一下). 因此,S 中的实数 a 恒可表示为

$$a = .a_1 a_2 \cdots$$

现在来构造一个实数 s 使得 s 是 S 的上界. 先看 S 中实数的第 1 位小数, 只保留那些数字最大的 S 中的数作为可挑选的, 再对第 2 位小数, 保留那些余下来数字最大可挑选的 S 中的数, 重复这个过程, 第 j 步后所有剩下数字最大可挑选的 S 中的数在第 j 位之左都有相同的数字. 由此不难看出只要选取 s_j 等于第 j 步之后留下数字最大可挑选的 S 中的任一数的第 j 位小数, 便知

$$s = .s_1 s_2 \cdots s_j \cdots$$

就是 S 的上界. 欲证 s 为 S 的最小上界, 又只需证任何实数

$$m = .m_1 m_2 \cdots < s$$

都不是 S 的上界. 由 $m < s$ 易知必有 $j \in N$ 使得

$$m_n = s_n (\forall\, n < j), m_j < s_j,$$

于是只需证可以构造出 S 中的 $x = .x_1 x_2 \cdots$ 使得 $x > m$. 事实上, 由 s 的构造方法可知必存在 $x > m$ 满足

$$x_n = s_n (\forall\, n \leqslant j),$$

亦即 $m < x$ 自然成立.

类似地有

命题 7.15　(文献 [23] 中 40 页的最大下界定理) 凡有下界的实数集都有一个最大下界.

Lax 随后指出: 由此可证得实数基本定理 3 的 (6), 即单调收敛定理, 继而导出实数基本定理 1 的 (1), 即区间套定理.

此外, 在文献 [23] 的第一章对应于实数的十进制无穷小数表示, 同时采用十进制的误差度量. 比如讨论实数列的收敛性时就以 $10^{-m}(m \in N)$ 替代通常的 $\varepsilon > 0$.

注 7.15　林群院士曾告诉本书作者:"华罗庚先生 1957 年为中国科技大学学生讲授实数时就已经采用华罗庚构造法: $R = a.b_1 b_2 b_3 \cdots$ ($0 \leqslant b_i \leqslant 9$, 对 R 不能用有限位小数表达时)". 林先生还说:"1960 年他按照华先生方法讲授实数时利用学生熟悉的无限位小数 $\sqrt{2} = 1.414 \cdots$ 作为参照物, 给出不能用有限位小数表达的实数的无限位小数表示法, 即从

$$1.414 < \sqrt{2} < 1.415, \quad 1 > \frac{1.414}{\sqrt{2}} > \frac{1.414}{1.415} = 0.9993$$

相应地导出

$$a.b_1 b_2 b_3 < R < a.b_1 b_2 b_3 + 0.001, \quad 1 > \frac{a.b_1 b_2 b_3}{R} > \frac{a.b_1 b_2 b_3}{a.b_1 b_2 b_3 + 0.001} = 0.999,$$

进而得到 $R = a.b_1 b_2 b_3 \cdots$ 和 $\dfrac{a.b_1 b_2 b_3 \cdots}{R} = 0.\dot{9}$".

(2) 函数的连续性与函数列的收敛性 (参看文献 [23] 第二章)

文献 [23]73 页的连续性准则, 表明这里的函数连续性其实就是通常定义在某个区间上函数的一致连续性, 而并未提及函数在一点处连续的概念. 但强调函数连续性与其定义区间之间的关系, 如文献 [23]74 页的例 4, 函数

$$f(x) = \frac{1}{x}$$

在不包含原点的任何闭区间上是连续的.

事实上, 如取闭区间为 $[p, q]$, 其中 $q > p > 0$. 则对任何 $x', x'' \in [p, q]$, 当 $|x' - x''| < 10^{-m} (m \in N)$ 时有

$$|f(x') - f(x'')| = |\frac{1}{x'} - \frac{1}{x''}| = \frac{|x' - x''|}{x' x''} \leqslant \frac{1}{p^2}|x' - x''| < \frac{1}{p^2} 10^{-m}.$$

故欲使 $|f(x') - f(x'')| < 10^{-k} (k \in N)$, 只须选 $P \in \mathbb{N}$ 使得 $10^P > \dfrac{1}{p}$, 那么当 $m \geqslant k + 2P$ 且 $|x' - x''| < 10^{-m}$ 时就有

$$|f(x') - f(x'')| < 10^{-k}.$$

然而该函数在包含原点的任何闭区间上却并不连续. 此例还表明文献 [23] 对函数连续性的讨论中利用 10^{-k} 与 $10^{-m} (k, m \in N)$ 替代通常的 $\varepsilon, \delta > 0$, 接着利用区间套定理证明了文献 [23]78 页与 82 页关于闭区间上连续函数的中间值定理与最大最小值定理.

至于文献 [23] 中函数列的收敛性指的就是通常的一致收敛性, 87 页的下述定理其实就是本书定理 3.7.

定理 7.3　若连续函数列 $\{f_n(x)\}$ 在区间上收敛于 $f(x)$, 则 $f(x)$ 在同一区间上也连续. (本书注 3.9 的例说明定理中的区间可以不是闭的).

(3) 函数的可微性 (参看文献 [23] 第 3 章)

文献 [23]101–102 页的导数概念, 不是通常的函数在一点处的导数, 而是导函数, 并且是在某种意义下的一致可导性. 其定义如下:

设 $f(x)$ 是定义在某个开区间 S' 上的连续函数, S 为含于 S' 内的闭区间. 如果当 $h \to 0$ 时,

$$f_h'(x) = \frac{f(x + h) - f(x)}{h}$$

在 S 上按照上述 (2) 中意义收敛于极限函数 $f'(x)$, 那么就称 $f(x)$ 在 S 上可微, $f'(x)$ 是 $f(x)$ 在 S 上的导数, 即

$$f'(x) = \lim_{h \to 0} f_h'(x).$$

根据 (2) 中定理便知 $f'(x)$ 是在 S 上按照 (2) 中意义的连续函数.

注 7.16　容易看出上述关于 $f(x)$ 在闭区间 S(如记为 $[a,b]$) 上的可微性, 也可以说是一种一致可微性, 它与本书 5.4 节定义 5.2 关于 $f(x)$ 在 $[a,b]$ 上的一致可导性还是有区别的. 因为仅限于 $[a,b]$ 区间 $f'_h(x)$ 在端点 a,b 就没有定义, 而按定义 5.2 $f'(x)$ 在端点 a,b 处则可看成右导数 $f'_+(a)$ 和左导数 $f'_-(b)$.

下面介绍文献 [23]121 页, 一个很有用的改进单调性准则:

单调性准则　若可微函数 $f(x)$ 在区间 S 上有 $f'(x) \geqslant 0$, 则 $f(x)$ 在该区间上为单调增加 (与定义 4.1 相同).

证明　$\forall m > 0$, 令 $f_m(x) = f(x) + mx$. 显然在 S 上有 $f'_m(x) = f'(x) + m \geqslant m > 0$. 根据可微函数定义, 易证: $\forall x, y \in S$, $x < y$ 有 $f_m(x) < f_m(y)$. 于是 $f(x) < f(y) + m(y-x)$, 这表明 $f(x) \leqslant f(y)$, 即 $f(x)$ 为单调增加. 如若 $f(x) > f(y)$, 那么就有 $\dfrac{f(x) - f(y)}{y - x} > 0$, 以该值作为 m 代入 $f(x) < f(y) + m(y-x)$ 立得 $f(x) < f(x)$, 发生矛盾.

这样一来, 对于两个给定的可微函数 $f(x)$ 与 $g(x)$, 如果 $g'(x) \geqslant f'(x)(\forall x \in [a,b])$, 由 $(g(x) - f(x))' \geqslant 0 (\forall x \in [a,b])$, 立得 $g(a) - f(a) \leqslant g(x) - f(x)$, 亦即

$$f(x) - f(a) \leqslant g(x) - g(a)(\forall x \in [a,b])$$

(这就是文献 [23]154 页定理 8.1). 由此可见, 若 M, m 分别为 $f'(x)$ 在 $[a,b]$ 上的最大值与最小值, 则对 $g(x) = Mx$ 就有 $f(x) \leqslant f(a) + M(x-a)$, 类似地, 通过交换 f, g 的方式, 又可得到 $f(a) + m(x-a) \leqslant f(x)$. 总之可得 $\forall x \in [a,b]$ 有

$$f(a) + m(x - a) \leqslant f(x) \leqslant f(a) + M(x - a).$$

将 $f(x)$ 表示为

$$f(x) = f(a) + H(x - a), \quad H \in [m, M],$$

则对 $f'(x)$ 利用 (2) 中的中间值定理立知存在 $c \in [a,b]$, 使得 $f'(c) = H$. 因此得到文献 [23]155 页的线性逼近定理和中值定理:

$$f(x) = f(a) + f'(c)(x - a)(\forall x \in [a,b]),$$
$$\frac{f(a) - f(b)}{(b - a)} = f'(c).$$

此外, 文献 [23]159-160 页证明: 若 $f(x)$ 在 $[a,b]$ 上二次可微且 $f''(x) > 0(\forall x \in [a,b])$, 则 $f(x)$ 在 $[a,b]$ 上是凸的 (本书命题 9.6 为该结果的改进与推广, 凸的定义相同).

(4) 函数的积分 (参看文献 [23] 第四章)

文献 [23] 通过如何确定曲线下的面积等三个实例的详细分析, 说明当给定的函数 $f(x)$ 和它定义的区间 S 均相同时, 这三个实例所要确定的量应该是相等的, 称之为 $f(x)$ 在 S 上

的积分 (即本书的黎曼积分), 记做 $I(f,S)$. 并用 $|S|$ 表示 S 的长度. 这里强调积分是一种运算, 输入是一个函数和一个区间, 输出是一个数. 至于 $I(f,S)$ 的值的确定只用到两个性质:

$(1°)I(f,S)$ 关于 S 的可加性: 对于不相交的 S_1,S_2 有

$$I(f,S_1+S_2)=I(f,S_1)+I(f,S_2).$$

$(2°)I(f,S)$ 关于 f 的有界性: 若 $m\leqslant f(x)\leqslant M(\forall x\in S)$, 则

$$m|S|\leqslant I(f,S)\leqslant M|S|.$$

特别当 $f(x)$ 是区间 $S=[a,b]$ 上的连续函数, 由 $(1°),(2°)$ 可得:

积分中值定理 (文献 [23]192 页) 设 M,m 分别为 $f(x)$ 在 $[a,b]$ 上的最大值和最小值, 则存在 $x_0:a<x_0<b$ 使得

$$f(x_0)=\frac{1}{b-a}I(f,S).$$

和

积分的逼近定理 (文献 [23]195 页) 对 $[a,b]$ 分成不相交的子区间的任一种分划: $[a,b]=\sum_{j=1}^n S_j$ 与 S_j 中的任一点 $t_j(1\leqslant j\leqslant n)$ 有

$$\left|\sum_{j=1}^n f(t_j)|S_j|-I(f,S)\right|\leqslant\sum_{j=1}^n|S_j|(M_j-m_j)\leqslant(b-a)\max_{1\leqslant j\leqslant n}(M_j-m_j),$$

其中 M_j,m_j 分别为 $f(x)$ 在 S_j 上的最大值与最小值 (由此易知 $I(f,S)$ 由 f 与 S 唯一确定).

文献 [23] 197-198 页还讨论了积分的单调性等性质.

有关积分存在性的讨论集中于文献 [23] 带 $*$ 号的 4.3. 对区间 $S=[a,b]$ 上的连续函数 $f(x)$, 借助建立 $f(x)$ 关于 S 的一个分划: $P:S=\sum_{j=1}^n S_j$ 所对应的分段线性的连续函数 $f_P(x)$ 的逼近定理 (文献 [23]208 页) 以及进而得到数列 $\{I(f_{P_m},S)\}$ 当分划 P_m 中相应的 $S_j^{(m)}$ 的最大长度 $max|S_j^{(m)}|\to 0$ 时的收敛性 (文献 [23]209 页), 最终完成了下面定理的证明.

积分的存在性定理 (文献 [23]210 页) 每一个在区间 $S=[a,b]$ 上的连续函数 $f(x)$ 有一个完全确定的积分

$$I(f,S)=\lim_{\substack{m\to\infty\\ max|S_j^{(m)}|\to 0}}I(f_{P_m},S)=\int_a^b f(x)dx,$$

并且 $I(f,S)$ 对于 S 具有可加性, 关于 $f(x)$ 具有有界性.

以上讨论表明就连续函数而言, Lax 积分体系中提出的 $I(f,S)$ 对于 S 具有可加性和关于 $f(x)$ 具有有界性也是完善的.

注 7.17 由于牛顿–莱布尼茨定理的内容是在本书第 8 章, 因此, 文献 [23]4.4 节的微积分基本定理的介绍留到 8.3 节.

注 7.18　张景中在文献 [38, 39] 中研究了定积分 (即黎曼积分) 的公理化定义. 文献 [38] 定义 1(积分系统与定积分) 中对积分系统采用的 (1′)(可加性) 与 (2′)(非负性) 和本节 Lax 采用的 (1°)(可加性) 与 (2°)(有界性) 本质上是一致的, 文中对积分系统有进一步讨论. 而文献 [39] 定义 3.2(积分系统与定积分) 中将 (2′) 更换为 (二)(中值性) 对 $[a, b]$ 上的任意的 $u \leqslant v$, 在 $[a, b]$ 上必有两点 p 和 q 使得

$$f(p)(v - u) \leqslant S(u, v)(即本节的 I(f, [u, v])) \leqslant f(q)(v - u),$$

从而实现了定积分定义的公理化.

第8章 牛顿–莱布尼茨定理及应用

8.1 原函数与不定积分

如 "教程" 所述, 直接利用定积分定义 (即定义 7.1) 来计算它的值, 虽然也有可以容易求得其值的情形. 例如, 对任何实数 c, 函数

$$f(x) = c \quad (\forall x \in [a, b]),$$

由于对 $[a, b]$ 的任一分划

$$a = x_0 < x_1 < \cdots < x_n = b$$

和任意节点

$$\xi_k \in [x_{k-1}, x_k] \quad (k = 1, 2, \cdots, n)$$

恒有

$$\sum_{k=1}^n f(\xi_k)(x_k - x_{k-1}) = \sum_{k=1}^n c(x_k - x_{k-1}) = c(b - a),$$

所以自然可得

$$\int_a^b f(x)\mathrm{d}x = c(b - a).$$

但一般说来, 这种方法通常是很难实现的. 因此, 如何求得一个可积函数的积分值, 特别是能够找到一种比较普遍适用的求值方法就非常值得关注了. 为此, 需要先引入原函数概念及其求法.

我们知道, 求一个函数 $F(x)$ 的导数 $F'(x)$ 并不困难, 这是因为有基本初等函数的导数公式, 还有四则运算和复合函数等求导法则 (见命题 5.1 与命题 5.2). 反过来, 也就是它的逆问题是: 给定一个函数 $f(x)$ 要找出它原来的函数, 即满足 $F'(x) = f(x)$ 的函数 $F(x)$, 我们也称 $F(x)$ 为 $f(x)$ 的原函数. 在给出求原函数的相应方法前, 先说明如下:

注 8.1 显然, 若 $F(x)$ 为 $f(x)$ 的原函数, 则由命题 5.1 的 (1) 与命题 5.2 的 (1) 即知对任何 $c \in \mathbb{R}$, $F(x) + c$ 也是 $f(x)$ 的一个原函数. 那么 $f(x)$ 是否还有其他形式的原函数呢? 回答是否定的.

事实上, 若 $G(x)$ 也是 $f(x)$ 的一个原函数, 则有

$$(G(x) - F(x))' = G'(x) - F'(x) = f(x) - f(x) = 0,$$

故由命题 6.1 立得存在 $c \in \mathbb{R}$ 使得

$$G(x) - F(x) = c,$$

即

$$G(x) = F(x) + c.$$

这表明 $F(x) + c$ 就是 $f(x)$ 的原函数的一般形式. 通常也把它叫做 $f(x)$ 的不定积分, 记为 $\displaystyle\int f(x)\mathrm{d}x$, 即有

$$\int f(x)\mathrm{d}x = F(x) + c,$$

其中 $F(x)$ 为 $f(x)$ 的一个原函数.

现在给出求不定积分 (即原函数的一般形式) 的相应方法. 首先反过来利用基本初等函数的导数公式 (即命题 5.2) 就可以得到相应的不定积分公式, 其中包含了一部分基本初等函数的不定积分公式.

命题 8.1　(1) $\displaystyle\int 0\mathrm{d}x = c.$

(2) $\displaystyle\int k\mathrm{d}x = kx + c$ (k 为常数).

(3) $\displaystyle\int \frac{1}{x}\mathrm{d}x = \ln|x| + c.$

(4) $\displaystyle\int x^{\lambda}\mathrm{d}x = \frac{1}{\lambda + 1}x^{\lambda+1} + c$ ($\lambda \neq -1$).

(5) $\displaystyle\int \sin x\mathrm{d}x = -\cos x + c.$

(6) $\displaystyle\int \cos x\mathrm{d}x = \sin x + c.$

(7) $\displaystyle\int \sec^2 x\mathrm{d}x = \tan x + c.$

(8) $\displaystyle\int \csc^2 x\mathrm{d}x = -\cot x + c.$

(9) $\displaystyle\int \sec x \tan x\mathrm{d}x = \sec x + c.$

(10) $\displaystyle\int \csc x \cot x\mathrm{d}x = -\csc x + c.$

(11) $\displaystyle\int \frac{1}{\sqrt{1 - x^2}}\mathrm{d}x = \arcsin x + c.$

(12) $\displaystyle\int \frac{1}{1 + x^2}\mathrm{d}x = \arctan x + c.$

(13) $\displaystyle\int \mathrm{e}^x\mathrm{d}x = \mathrm{e}^x + c.$

其次利用导数的四则运算法则, 不难得到:

命题 8.2 若 $f(x), g(x)$ 的原函数均存在且 $\lambda \neq 0$, 则有

$$\int (f(x) \pm g(x)) \mathrm{d}x = \int f(x) \mathrm{d}x \pm \int g(x) \mathrm{d}x, \quad \int \lambda f(x) \mathrm{d}x = \lambda \int f(x) \mathrm{d}x.$$

证明 只证后一等式, 这由

$$\left(\lambda \int f(x) \mathrm{d}x \right)' = \lambda' \int f(x) \mathrm{d}x + \lambda \left(\int f(x) \mathrm{d}x \right)' = \lambda f(x)$$

立得.

另外, 利用复合函数与反函数的求导公式还可以得到求原函数的两种最基本方法: 分部积分法和换元积分法, 也就是下面的三个命题:

命题 8.3 若 $f'(x), g'(x)$ 均存在且 $f'(x)g(x)$ 与 $f(x)g'(x)$ 中至少有一个存在原函数, 则另一个的原函数也存在且有

$$\int f(x)g'(x)\mathrm{d}x = f(x)g(x) - \int f'(x)g(x)\mathrm{d}x,$$

这叫做分部积分公式.

证明 不妨设 $f'(x)g(x)$ 存在原函数, 则由命题 5.1 知

$$f(x)g'(x) = (f(x)g(x))' - f'(x)g(x),$$

再由命题 8.2 立得 $f(x)g'(x)$ 的原函数也存在且

$$\begin{aligned}
\int f(x)g'(x)\mathrm{d}x &= \int ((f(x)g(x))' - f'(x)g(x))\mathrm{d}x \\
&= \int (f(x)g(x))' \mathrm{d}x - \int f'(x)g(x)\mathrm{d}x \\
&= f(x)g(x) - \int f'(x)g(x)\mathrm{d}x.
\end{aligned}$$

命题 8.4 若 $f(x)$ 存在原函数 $F(x)$ 且 $g(t)$ 可导, 则有 $\int f(g(t))g'(t)\mathrm{d}t = F(g(t)) + c$. 于是, 若命 $g(t) = x$, 则又有

$$\int f(g(t))g'(t)\mathrm{d}t = \int f(x)\mathrm{d}x.$$

证明 因为由复合函数的求导公式, 即命题 5.1 的 (2) 知

$$(F(g(t)))' = F'(x)g'(t) = f(g(t))g'(t),$$

故得

$$\int f(g(t))g'(t)\mathrm{d}t = \int (F(g(t)))' \mathrm{d}t = F(g(t)) + c = F(x) + c = \int f(x)\mathrm{d}x$$

(注意：由于不定积分本身包含任意常数 c, 所以在不定积分演算过程中, 一旦不出现积分号 "$\int$", 就必须加上一项任意常数 c).

命题 8.5　若 $f(g(t))g'(t)$ 存在原函数 $F(t)$ 且 $g(t)$ 存在可导的反函数, 则有 $\int f(x)\mathrm{d}x = F(g^{-1}(x)) + c.$ 于是, 若命 $x = g(t)$, 则又有

$$\int f(x)\mathrm{d}x = \int f(g(t))g'(t)\mathrm{d}t.$$

证明　因为由复合函数与反函数的求导公式, 即命题 5.1 的 (2), (3) 知

$$(F(g^{-1}(x)))' = F'(t)(g^{-1}(x))' = f(g(t))g'(t)\cdot\frac{1}{g'(t)} = f(g(t)) = f(x),$$

故得

$$\int f(x)\mathrm{d}x = \int (F(g^{-1}(x)))'\mathrm{d}x = F(g^{-1}(x)) + c = F(t) + c = \int f(g(t))g'(t)\mathrm{d}t.$$

注 8.2　关于具体运用分部积分法 (即命题 8.3) 和换元积分法 (即命题 8.4 与命题 8.5) 计算不定积分时的一些应该遵循的规律, "教程" 中有较多的分析, 不妨参考之. 本节仅以在命题 8.1 中尚未给出的基本初等函数的不定积分公式为例子, 作一说明.

命题 8.1′　(14) $\int \ln x\mathrm{d}x = x(\ln x - 1) + c\ (x > 0).$

(15) $\int \tan x\mathrm{d}x = -\ln|\cos x| + c.$

(16) $\int \cot x\mathrm{d}x = \ln|\sin x| + c.$

(17) $\int \sec x\mathrm{d}x = \ln|\sec x + \tan x| + c.$

(18) $\int \csc x\mathrm{d}x = -\ln|\csc x - \cot x| + c.$

(19) $\int \arcsin x\mathrm{d}x = x\arcsin x + \sqrt{1 - x^2} + c.$

(20) $\int \arctan x\mathrm{d}x = x\arctan x - \frac{1}{2}\ln(x^2 + 1) + c.$

证明　只证 (14), (15), (17) 与 (19), 其余请自证之.

(14) 由分部积分法即得

$$\int \ln x\mathrm{d}x = \int \ln x \cdot (x)'\mathrm{d}x = x\ln x - \int (\ln x)'x\mathrm{d}x$$
$$= x\ln x - \int 1\mathrm{d}x = x(\ln x - 1) + c.$$

(15) 由换元积分法, 命 $\cos x = t$ 即得

$$\int \tan x \mathrm{d}x = \int \frac{\sin x}{\cos x}\mathrm{d}x = -\int \frac{1}{\cos x}(\cos x)'\mathrm{d}x$$
$$= -\int \frac{1}{t}\mathrm{d}t = -\ln|t| + c = -\ln|\cos x| + c$$

(利用换元积分法时, 可以不具体写出如何换元, 如直接写成 $\int \dfrac{\sin x}{\cos x}\mathrm{d}x = -\int \dfrac{1}{\cos x}\mathrm{d}\cos x = -\ln|\cos x| + c$).

$$(17) \int \sec x \mathrm{d}x = \int \frac{1}{\cos x}\mathrm{d}x = \int \frac{\cos x}{\cos^2 x}\mathrm{d}x = \int \frac{1}{1-\sin^2 x}\mathrm{d}\sin x$$
$$= \frac{1}{2}\int \left(\frac{1}{1+\sin x} + \frac{1}{1-\sin x} \right)\mathrm{d}\sin x$$
$$= \frac{1}{2}\left(\int \frac{1}{1+\sin x}\mathrm{d}(1+\sin x) - \int \frac{1}{1-\sin x}\mathrm{d}(1-\sin x) \right)$$
$$= \frac{1}{2}\ln \frac{1+\sin x}{1-\sin x} + c$$
$$= \frac{1}{2}\ln \frac{(1+\sin x)^2}{\cos^2 x} + c = \ln|\sec x + \tan x| + c.$$

$$(19) \int \arcsin x \mathrm{d}x = x\arcsin x - \int x(\arcsin x)'\mathrm{d}x$$
$$= x\arcsin x - \int \frac{x}{\sqrt{1-x^2}}\mathrm{d}x$$
$$= x\arcsin x + \frac{1}{2}\int \frac{1}{\sqrt{1-x^2}}\mathrm{d}(1-x^2)$$
$$= x\arcsin x + \frac{1}{4}\sqrt{1-x^2} + c.$$

8.2 牛顿–莱布尼茨定理及应用

因为由拉格朗日中值定理可知, 若 $F(x)$ 是某个函数 $f(x)$ 的原函数, 则对 $[a,b]$ 的任何分划 P:

$$a = x_0 < x_1 < \cdots < x_n = b$$

存在

$$\eta_k \in (x_{k-1}, x_k) \quad (k = 1, 2, \cdots, n)$$

使得 $F'(\eta_k)(x_k - x_{k-1}) = F(x_k) - F(x_{k-1})$, 故得

$$\sum_{k=1}^{n} F'(\eta_k)(x_k - x_{k-1}) = \sum_{k=1}^{n}(F(x_k) - F(x_{k-1}))$$
$$= F(x_n) - F(x_0) = F(b) - F(a).$$

于是, 对这样特殊选取的节点 $\{\eta_k\}_{k=1}^n$, 相应于分划 P 的 $f(x)$ 的积分和为

$$\sum_{k=1}^n f(\eta_k)(x_k - x_{k-1}) = F(b) - F(a).$$

这表明只要 $f(x)$ 在 $[a,b]$ 上可积, $F(b) - F(a)$ 就是它的积分值, 即有

$$\int_a^b f(x)\mathrm{d}x = F(b) - F(a),$$

类似地, 对任何 $x \in (a,b)$ 也有

$$\int_a^x f(t)\mathrm{d}t = F(x) - F(a).$$

综上所述, 实际上已经证得如下的

牛顿–莱布尼茨 (Newton-Leibniz) 定理　若 $f(x)$ 在 $[a,b]$ 上可积且存在原函数 $F(x)$, 则有

$$\int_a^x f(t)\mathrm{d}t = F(x) - F(a) \quad (\forall x \in [a,b])$$

(顺便指出, 我们也常用 "教程" 中的记号: $\int_a^b f(x)\mathrm{d}x = F(x)|_a^b$, $\int_a^b f(x)\mathrm{d}x = -\int_b^a f(x)\mathrm{d}x$ 和 $\int_a^a f(x)\mathrm{d}x = 0$).

注 8.3　$f(x)$ 在 $[a,b]$ 上可积并不能推出 $f(x)$ 在 $[a,b]$ 上有原函数, $f(x)$ 在 $[a,b]$ 上有原函数也不能推出 $f(x)$ 在 $[a,b]$ 上可积.

例 8.1　设

$$f(x) = \begin{cases} 1, & x > 0, \\ 0, & x = 0, \\ -1, & x < 0. \end{cases}$$

显然, $f(x)$ 在任何闭区间 $[a,b]$ 上可积 (根据命题 7.2), 但 $f(x)$ 在任何包含 0 且 0 不是端点的闭区间 $[a,b]$ 上均不存在原函数, 这是因为如果存在 $F(x)$ 使得 $F'(x) = f(x)$ $(\forall x \subset [a,b])$, 那么就有 $F'(x)$ 不满足定理 5.2 的结论 (即导函数的介值定理).

例 8.2　设

$$F(x) = \begin{cases} x^2 \sin \dfrac{1}{x^2}, & x \neq 0, \\ 0, & x = 0, \end{cases}$$

则有

$$f(x) = F'(x) = \begin{cases} 2x \sin \dfrac{1}{x^2} - \dfrac{2}{x} \cos \dfrac{1}{x^2}, & x \neq 0, \\ 0, & x = 0, \end{cases}$$

即 $f(x)$ 在任何闭区间 $[a,b]$ 上存在原函数 $F(x)$, 但 $f(x)$ 在任何包含 0 且 0 不是端点的闭区间 $[a,b]$ 上都不是有界的, 从而 $f(x)$ 在 $[a,b]$ 上不可积. 事实上, 对充分大的 n 恒有

$$x_n = \frac{1}{\sqrt{2n\pi}} \in [a, b] \ \text{且} \ x_n \to 0 \ (n \to \infty), \ \text{但}$$

$$f(x_n) = -2\sqrt{2n\pi} \cos 2n\pi = -2\sqrt{2n\pi} \to -\infty \quad (n \to \infty).$$

当然, 也有 $f(x)$ 在 $[a, b]$ 上既不可积, 又无原函数的例子.

例 8.3　由命题 7.3 知狄利克雷函数 $D(x)$ 在 $[0, 1]$ 上不可积, 再由定理 5.2 知 $D(x)$ 在 $[0, 1]$ 上不存在原函数.

例 8.4　求 $\int_0^{\frac{\pi}{2}} \cos 2nx \mathrm{d}x$, 其中 n 为自然数.

解　因为 $\cos 2nx$ 连续, 从而可积. 又易知 $\cos 2nx$ 存在原函数 $\frac{1}{2n} \sin 2nx$, 故由牛顿–莱布尼茨定理立得

$$\int_0^{\frac{\pi}{2}} \cos 2nx \mathrm{d}x = \frac{1}{2n} \sin\left(2n \cdot \frac{\pi}{2}\right) - \frac{1}{2n} \sin(2n \cdot 0) = \frac{1}{2n}(\sin n\pi - \sin 0) = 0.$$

如同在第 4 章中曾讨论过变上限的变差函数 $\bigvee\limits_a^x(f)$ 与 $f(x)$ 的关系, 现在我们讨论牛顿–莱布尼茨定理中的变上限的积分函数 $\int_a^x f(t)\mathrm{d}t$ 与 $f(x)$ 的关系.

若 $f(x)$ 在 $[a, b]$ 上可积, $x_0 \in [a, b]$, 则存在 $M > 0$ 使得 $|f(x)| \leqslant M \ (\forall x \in [a, b])$, 故由命题 7.8 的 (1) 和 (3) 以及本章开头的例子可得: 当 $x > x_0$ 时有

$$\left| \int_a^x f(t)\mathrm{d}t - \int_a^{x_0} f(t)\mathrm{d}t \right| = \left| \int_{x_0}^x f(t)\mathrm{d}t \right| \leqslant \int_{x_0}^x |f(t)|\mathrm{d}t \leqslant \int_{x_0}^x M \mathrm{d}t = M(x - x_0).$$

同样, 当 $x < x_0$ 时有

$$\left| \int_a^x f(t)\mathrm{d}t - \int_a^{x_0} f(t)\mathrm{d}t \right| \leqslant M(x_0 - x).$$

从而 $\forall \varepsilon > 0, \exists \delta = \dfrac{\varepsilon}{M} > 0$ 使得当 $|x - x_0| < \delta$ 时有

$$\left| \int_a^x f(t)\mathrm{d}t - \int_a^{x_0} f(t)\mathrm{d}t \right| \leqslant M|x_0 - x| < M\delta = \varepsilon,$$

即 $\int_a^x f(t)\mathrm{d}t$ 在 x_0 处连续. 于是得到

命题 8.6　若 $f(x)$ 在 $[a, b]$ 上可积, 则 $\int_a^x f(t)\mathrm{d}t$ 是 $[a, b]$ 上的连续函数.

此外, 还可得到

命题 8.7　若 $f(x)$ 在 $[a, b]$ 上连续, 则 $\int_a^x f(t)\mathrm{d}t$ 在 $[a, b]$ 上可导且有

$$\left(\int_a^x f(t)\mathrm{d}t \right)' = f(x), \forall x \in [a, b].$$

证明　$\forall x_0 \in [a,b]$, 当 $h > 0$ ($h < 0$ 的情形是类似的) 时有

$$\frac{\displaystyle\int_a^{x_0+h} f(t)\mathrm{d}t - \int_a^{x_0} f(t)\mathrm{d}t}{h} = \frac{1}{h}\int_{x_0}^{x_0+h} f(t)\mathrm{d}t,$$

注意到 $\displaystyle\int_{x_0}^{x_0+h} f(x_0)\mathrm{d}t = hf(x_0)$, 于是

$$\left| \frac{1}{h}\int_{x_0}^{x_0+h} f(t)\mathrm{d}t - f(x_0) \right| = \left| \frac{1}{h}\int_{x_0}^{x_0+h} (f(t) - f(x_0))\mathrm{d}t \right|$$

$$\leqslant \frac{1}{h}\int_{x_0}^{x_0+h} |f(t) - f(x_0)|\mathrm{d}t.$$

因此, $\forall \varepsilon > 0$, 由 $f(x)$ 在 x_0 处连续, 便知 $\exists \delta > 0$, 使当 $|t - x_0| \leqslant h < \delta$ 时, 有

$$|f(t) - f(x_0)| < \frac{\varepsilon}{2},$$

从而可得

$$\left| \frac{\displaystyle\int_a^{x_0+h} f(t)\mathrm{d}t - \int_a^{x_0} f(t)\mathrm{d}t}{h} - f(x_0) \right| \leqslant \frac{1}{h}\int_{x_0}^{x_0+h} |f(t) - f(x_0)|\mathrm{d}t$$

$$\leqslant \frac{1}{h}\int_{x_0}^{x_0+h} \frac{\varepsilon}{2}\mathrm{d}t = \frac{\varepsilon}{2} < \varepsilon.$$

这表明 $\displaystyle\int_a^x f(t)\mathrm{d}t$ 在 x_0 处可导, 且其导数就是 $f(x_0)$, 即

$$\left(\int_a^x f(t)\mathrm{d}t \right)' = f(x), \quad \forall x \in [a,b].$$

因此, 由命题 7.1、命题 8.7、注 8.1 和牛顿–莱布尼茨定理立得

牛顿–莱布尼茨定理另一形式　若 $f(x)$ 在 $[a,b]$ 上连续, 则 $\displaystyle\int_a^x f(t)\mathrm{d}t$ 为 $f(x)$ 在 $[a,b]$ 上的一个原函数, 并且对 $f(x)$ 在 $[a,b]$ 上的任一原函数 $F(x)$ 恒有

$$\int_a^x f(t)\mathrm{d}t = F(x) - F(a), \quad \forall x \in [a,b]$$

(该定理时常也称为微积分基本定理, 上一等式则叫做牛顿–莱布尼茨公式).

注 8.4　牛顿–莱布尼茨定理的这一形式表明: 只要 $f(x)$ 在 $[a,b]$ 上连续, 即可算出 $\displaystyle\int_a^b f(x)\mathrm{d}x$ 的值. 但实际上还存在一些连续函数并没有有限形式的原函数, 如 $\mathrm{e}^{-x^2}, \sin x^2, \cos x^2$ 等, 对于这些函数就不能用牛顿–莱布尼茨公式算出其定积分的值. 另外, 也还有一些连续函数, 其原函数不易求得, 这样也就不便使用牛顿–莱布尼茨公式来求其定积分了.

注 8.5   若 $f(x)$ 在 $[a,b]$ 上只有有限多个第一类间断点, 譬如说, 仅有一个第一类间断点 $c \in (a,b)$, 此时可以认为 $f(x)$ 在 $[a,c]$ 与 $[c,b]$ 上均连续 (注意对 $[a,c]$ 区间命 $f(c) = f(c-0) = \lim\limits_{x \to c-0} f(x)$, 而对 $[c,b]$ 区间则命 $f(c) = f(c+0) = \lim\limits_{x \to c+0} f(x)$), 因此可以分别应用牛顿–莱布尼茨公式, 再根据命题 7.8 的 (1) 即得

$$\int_a^b f(x)\mathrm{d}x = \int_a^c f(x)\mathrm{d}x + \int_c^b f(x)\mathrm{d}x = F(b) - F(c+0) + F(c-0) - F(a).$$

注 8.6   牛顿–莱布尼茨公式在涉及函数及其导数和积分的许多相关问题中常有应用.

例 8.5   若 $f'(x)$ 在 $[0,1]$ 上连续且 $f(0) = f(1) = 0$. 证明

$$\left| \int_0^1 f(x)\mathrm{d}x \right| \leqslant \frac{1}{4} \max_{x \in [0,1]} |f'(x)|.$$

证明   由牛顿–莱布尼茨公式知, $\forall x \in [0,1]$ 有

$$f(x) = f(0) + \int_0^x f'(t)\mathrm{d}t = \int_0^x f'(t)\mathrm{d}t,$$

再由命题 7.8 的 (3) 与命题 8.1 的 (2)

$$|f(x)| \leqslant \int_0^x |f'(t)|\mathrm{d}t \leqslant \int_0^x M\mathrm{d}t = Mx,$$

其中 $M = \max\limits_{x \in [0,1]} |f'(x)|$. 于是由命题 8.2 与命题 8.1 的 (4) 即得

$$\left| \int_0^{\frac{1}{2}} f'(x)\mathrm{d}x \right| \leqslant \int_0^{\frac{1}{2}} |f'(x)|\mathrm{d}x \leqslant \int_0^{\frac{1}{2}} Mx\mathrm{d}x = \frac{Mx^2}{2}\Big|_0^{\frac{1}{2}} = \frac{M}{8}.$$

同样, 由

$$f(x) = f(1) - \int_x^1 f'(t)\mathrm{d}t = -\int_x^1 f'(t)\mathrm{d}t,$$

可以得到

$$|f(x)| \leqslant \int_x^1 |f'(t)|\mathrm{d}t \leqslant \int_x^1 M\mathrm{d}t = M(1-x).$$

从而有

$$\left| \int_{\frac{1}{2}}^1 f(x)\mathrm{d}x \right| \leqslant \int_{\frac{1}{2}}^1 |f(x)|\mathrm{d}x \leqslant \int_{\frac{1}{2}}^1 M(1-x)\mathrm{d}x = \int_{\frac{1}{2}}^1 M\mathrm{d}x - M\int_{\frac{1}{2}}^1 x\mathrm{d}x$$

$$= Mx\Big|_{\frac{1}{2}}^1 - M\frac{x^2}{2}\Big|_{\frac{1}{2}}^1 = \frac{M}{2} - \frac{3M}{8} = \frac{M}{8}.$$

综上所述, 从命题 7.8 的 (1) 可推出

$$\left| \int_0^1 f(x)\mathrm{d}x \right| = \left| \int_0^{\frac{1}{2}} f(x)\mathrm{d}x + \int_{\frac{1}{2}}^1 f(x)\mathrm{d}x \right| \leqslant \frac{M}{8} + \frac{M}{8} = \frac{M}{4}.$$

例 8.6　设 $f'(\ln x) = \begin{cases} 1, & 0 < x \leqslant 1, \\ x, & x > 1, \end{cases}$ 且 $f(0) = 0$, 求 $f'(x)$.

解　令 $\ln x = t$, 则 $x = e^t$ 且当 $x = 1$ 时 $t = 0$, 又当 $x \to 0^+$ 时 $t \to -\infty$, 故得

$$f'(t) = \begin{cases} 1, & -\infty < t \leqslant 0, \\ e^t, & t > 0. \end{cases}$$

因此, $f'(t)$ 在 $(-\infty, \infty)$ 上连续. 当 $x \in (-\infty, 0]$ 时由牛顿–莱布尼茨公式, 有

$$f(x) = f(0) - \int_x^0 1 \mathrm{d}t = x.$$

又当 $x \in (0, \infty)$ 时, 则

$$f(x) = f(0) + \int_0^x e^t \mathrm{d}t = e^t |_0^x = e^x - 1$$

(注意, 由命题 8.1 的 (13) 知 $\int e^t \mathrm{d}t = e^t + c$). 于是, $f(x) = \begin{cases} x, & x \leqslant 0, \\ e^x - 1, & x > 0. \end{cases}$

注 8.7　牛顿–莱布尼茨公式对于 (L) 积分情况又如何呢? 文献 [1]§5.4 的 "绝对连续函数与微积分基本定理" 一段中, 经过适当论述后, 对此作如下总结: "一个定义在 $[a, b]$ 上的函数具有形式

$$f(x) = f(a) + \int_a^x g(t) \mathrm{d}t$$

且 $g(t)$ 为 (L) 可积的充要条件为 $f(x)$ 是 $[a, b]$ 上的绝对连续函数. 此时我们有 $g(x) = f'(x)$ a.e." (此处 a.e. 指的是几乎处处成立, 即除去一个 (L) 测度等于 0 的集合外恒成立). 这表明对于 (L) 积分, 使得牛顿–莱布尼茨公式恰好成立的函数类为绝对连续函数.

2008 年 Talvila[40] 指出: "对于 (R) 积分仍然还没有找到使得牛顿–莱布尼茨公式恰好成立的函数类", 该文还给出一个反例说明即使将绝对连续函数类缩小成 Lipschitz 函数类, 也不能使得牛顿–莱布尼茨公式恰好成立.

8.3　牛顿–莱布尼茨公式的看图识字

本节以林群院士的著作 [27] 封面上的图 (见图 8.1) 作为介绍林先生相关工作的出发点. 先通过引入直角坐标系使该图位于第一象限, 而图 8.1 中曲线则表为在闭区间 $[a, b]$ 上单调上升且凸 (也称下凸) 的函数 $y = f(x)$. 对于这种特殊类型曲线, 由图 8.1 可见其全段高 $= f(b) - f(a)$, 它也可以看作: 分成各小段的割线求高再求和. 当曲线各小段足够小时, 我们还可以用各小段的切线高 (即微分) 之和来近似曲线全段高. 这是微分学的办法, 从图 8.1 中的微分三角形可知

$$\text{微分} = \text{切线高} = \text{切线斜率} \times \text{底} = f'(x) \cdot \triangle x = f'(x) \mathrm{d}x.$$

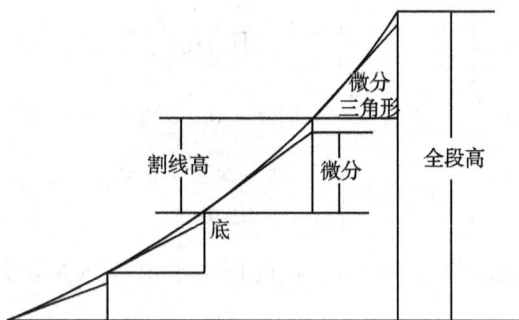

图 8.1

这时各小段微分: $f'(x) \cdot \triangle x = f'(x)\mathrm{d}x$ 之和恰好就是 $f'(x)$ 的一种黎曼积分和. 因此, 可以设想曲线 $y = f(x)$ 在 $[a, b]$ 上的高应该是微分的积分: $\displaystyle\int_a^b f'(x)\mathrm{d}x$, 即有如下的牛顿–莱布尼茨公式:

$$\int_a^b f'(x)dx = f(b) - f(a). \tag{$*$}$$

显然 $(*)$ 式成立 $\Rightarrow f'(x)$ 在 $[a, b]$ 上黎曼可积; 反之也有 $f'(x)$ 在 $[a, b]$ 上黎曼可积 $\Rightarrow (*)$ 式成立 (事实上, 因为 $f(x)$ 是 $f'(x)$ 的原函数, 故本书 8.2 节的牛顿–莱布尼茨定理便可推出 $(*)$ 式成立). 实际上, 这也就是文献 [27]23 页第 1 行所给出的第 1 个充要条件.

　　林先生在文献 [27]58 页的后记中有一段非常精彩的话: "与传统微积分不同, 我们不从求面积出发, 而从求高出发, 这样容易看出微分、积分以及它们的关系: 牛顿–莱布尼茨公式⋯⋯更重要的是, 同时还找到了 (牛顿–莱布尼茨公式) 最短且完整的证明 (最早见文献 [41], 正式出版见文献 [42]24 页): 只用两行文字表达高中生能懂的方法, 所以说, 不证白不证". 这里指的是斜率差的方法 (请读者务必查阅文献 [27]).

　　林院士为普及推广微积分的新思想、新概念到过许多院校进行讲学, 还时常专门为之编写相应的讲义 (未出版, 见文献 [41]、[43-45]).

　　由于牛顿–莱布尼茨公式常被人们称为微积分的基本公式. 林院士在文献 [27] 中以曲线求高这种 "看图识字" 方法, 让高中生开门见山直接看到并且立刻懂得了什么是牛顿–莱布尼茨公式, 这一微积分核心内容. 这无疑是微积分教学改革首创之举.

　　注 8.8　由于已知山坡曲线 $y = f(x)$ 求高是可以对任何一段闭区间 $[a, b]$ 进行. 因此, 自然可将 $f(x)$ 的定义域扩展到 $[a, b]$ 的两端之外. 这样, 割线斜率 $\dfrac{f(x + h) - f(x)}{h}$ 在 $[a, b]$ 上都是有定义的. 从而与 Lax 书, 即 7.4 节的 (3) 也是相通的.

　　注 8.9　至于 Lax 书中对牛顿–莱布尼茨定理的证明, 系采取该书对积分性质的所有证明一样, 也基于积分的两个基本性质. 具体地说, 即对任一 $[a, b]$ 上的连续函数 $f(x)$ 和任一 $t \in [a, b]$, 定义 $F(t) = I(f, [a, t])$, 然后利用积分的两个基本性质就不难给出证明(详见文献 [23]212-215). 其实, 由 7.4 节的 (3) 和 (2) 两部分便知 Lax 书中的 $f'(x)$ 是 $\dfrac{f(x + h) - f(x)}{h}$

关于 h 一致收敛于一致连续的极限函数, 从而再由本书 8.2 节中的牛顿–莱布尼茨定理可得如上结论.

最近林群院士又采用微课方式将上述的牛顿–莱布尼茨公式 "看图识字" 的陈述与证明提炼成两张小卡片, 特引述于此.

小卡片都用了什么? 只有词汇: 分子与分母, 它们的相除相加相乘, 没有更多, 看懂它就看懂微积分.

具体地说, 对于图 8.1, 取分子 = 微分, 分母 = 小高, 并注意该图曲线是单调上升且下凸的特殊类型. 则从曲线单调上升可知分母小高 >0, 又从曲线下凸可知切线在曲线下方, 即有分子微分 < 分母小高, 分子 >0. 于是有卡片 (一).

卡片 (一): 看特例: 设曲线上升且下凸

假设式已知: 分子越来越近分母, 转成分式即	$0.9\cdots9 < \dfrac{\text{分子}}{\text{分母}} < 1$

为什么? 乘分母 > 0	$0.9\cdots9$ 分母 < 分子 < 分母
求和: 设 9 数目一样	$0.9\cdots9$ 分母之和 < 分子之和 < 分母之和

除分母之和即得算术定理, 算术是基础, 何谓微积分? 取分子 = 微分, 分母 = 小高, 则再不断加 9; 微分之和/全高 $=0.9\cdots9\cdots$, 就成了微积分.

容易看出, 如果山坡曲线是单调上升且上凸, 那么卡片 (一) 中的如下式子

$$0.9\cdots9 < \frac{\text{分子 (微分)}}{\text{分母 (小高)}} < 1 \ \text{变成} \ 0.9\cdots9 < \frac{\text{分子 (小高)}}{\text{分母 (微分)}} < 1,$$

于是又有卡片 (二).

卡片 (二):

假设式已知: 分子越来越近分母, 转成分式即	$0.9\cdots9 < \dfrac{\text{分子}}{\text{分母}} < 1$ 或 $0.9\cdots9 < \dfrac{\text{分母}}{\text{分子}} < 1$

为什么假设两条	$0.9\cdots9 < \dfrac{分子}{分母} < 1 < \dfrac{1}{0.9\cdots9}$ 或 $0.9\cdots9 < 1 < \dfrac{分子}{分母} < \dfrac{1}{0.9\cdots9}$
并成一条	$0.9\cdots9 < \dfrac{分子}{分母} < \dfrac{1}{0.9\cdots9}$ (在 1 两旁振荡, 或大或小)
求和: 设 9 数目一样	$0.9\cdots9$ 分母之和 $<$ 分子之和 $< \dfrac{1}{0.9\cdots9}$ 分母之和

除分母之和得算术定理. 微积分如曲边三角形求高: 取分子 = 小直角三角形的高 = 微分,
分母 = 曲边三角形的小高, 则微分之和/全高 $=0.9\cdots9\cdots$

算术是基础, 算术不断加 9, 就成了微积分

林院士指出: "对于一般的山坡曲线, 甚至如同他的著作 [46]XV 页所附的图形曲线 (见图 8.2), 卡片 (二) 也是适用的." 详情见他为该微课所写的附录.

注 8.10 林先生著作 [46] 还包括 "多元微积分" 和 "抽象微积分" 两部分, 总共不到 30 页. 精彩纷呈, 数学教师、研究生与本科生应先睹为快. 且文献 [46] 中由法国雷阿岚执笔的 20 页附录 5: 可微性和积分, 数学系师生应该一读.

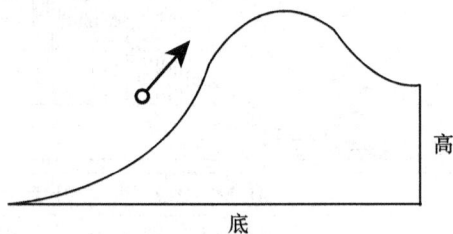

图 8.2

8.4 无界函数与无穷区间的牛顿-莱布尼茨定理及应用

由无界函数的黎曼积分, 即 (IR) 积分的定义 (见命题 7.5) 和牛顿-莱布尼茨定理可知, (IR) 积分相应的牛顿-莱布尼茨定理为

命题 8.8 若 $f(x)$ 只在 $c \in (a,b)$ 的某个邻域内无界, 且 $\forall \varepsilon > 0$, $f(x)$ 在 $[a, c-\varepsilon]$ 和 $[c+\varepsilon, b]$ 上 (R) 可积, 又存在 $[a,c)$ 与 $(c,b]$ 上的函数 $F(x)$, 使得

$$F'(x) = f(x), \quad \forall x \in [a,c) \cup (c,b]$$

且

$$\lim_{\varepsilon \to 0^+} F(c-\varepsilon) = F(c-0), \quad \lim_{\varepsilon \to 0^+} F(c+\varepsilon) = F(c+0)$$

存在, 则有

$$(\mathrm{IR}) \int_a^b f(x)\mathrm{d}x \left(= \lim_{\varepsilon \to 0^+} \int_a^{c-\varepsilon} f(x)\mathrm{d}x + \lim_{\varepsilon \to 0^+} \int_{c+\varepsilon}^b f(x)\mathrm{d}x \right.$$

$$= \lim_{\varepsilon \to 0^+} (F(c-0) - F(a)) + \lim_{\varepsilon \to 0^+} (F(b) - F(c+0)) \Big)$$
$$= F(c-0) - F(a) + F(b) - F(c+0)$$

($c = a$ 和 $c = b$ 情形, 考虑单侧积分即可).

注 8.11　在利用牛顿–莱布尼茨公式或命题 8.8 计算定积分时, 直接用定积分的分部积分公式和换元积分公式进行计算, 要比先通过不定积分的分部积分和换元积分法求得原函数, 然后再利用牛顿–莱布尼茨公式或命题 8.8 得出结果, 更为简便.

按照命题 8.3~命题 8.5 的相应条件, 可以分别得到定积分的分部积分公式和换元积分公式.

命题 8.9　(1) $\displaystyle\int_a^b f(x)g'(x)\mathrm{d}x = f(x)g(x)|_a^b - \int_a^b f'(x)g(x)\mathrm{d}x$ (命题 7.11 就是该分部积分公式对于 (RS) 积分的相应形式).

(2) $\displaystyle\int_\alpha^\beta f(g(t))g'(t)\mathrm{d}t = \int_a^b f(x)\mathrm{d}x$, 其中命 $g(t) = x$ 且 $g(\alpha) = a$, $g(\beta) = b$.

(3) $\displaystyle\int_a^b f(x)\mathrm{d}x = \int_\alpha^\beta f(g(t))g'(t)\mathrm{d}t$, 其中命 $x = g(t)$ 且 $a = g(\alpha)$, $b = g(\beta)$.

易知命题 8.9 也适用于 (IR) 积分.

例 8.7　求积分 $\displaystyle\int_0^{\frac{\pi}{2}} \cos 2nx \ln \cos x\, \mathrm{d}x = I$ 的值.

解　显然, 被积函数只在 $x = \dfrac{\pi}{2}$ 附近为无界. 由命题 8.9 的 (1) 可得

$$I = \frac{1}{2n} \int_0^{\frac{\pi}{2}} \ln \cos x (\sin 2nx)' \mathrm{d}x$$
$$= \frac{1}{2n} \sin 2nx \ln \cos x \Big|_0^{\frac{\pi}{2}} - \frac{1}{2n} \int_0^{\frac{\pi}{2}} \sin 2nx (\ln \cos x)' \mathrm{d}x$$
$$= \frac{-1}{2n} \int_0^{\frac{\pi}{2}} \sin 2nx \frac{-\sin x}{\cos x} \mathrm{d}x,$$

其中, 两次应用洛必达法则后就有

$$\lim_{x \to \frac{\pi}{2} - 0} \sin 2nx \ln \cos x = \lim_{x \to \frac{\pi}{2} - 0} \frac{\ln \cos x}{\dfrac{1}{\sin 2nx}} = \lim_{x \to \frac{\pi}{2} - 0} \frac{\sin x \sin^2 2nx}{2n \cos x \cos 2nx}$$
$$= \lim_{x \to \frac{\pi}{2} - 0} \frac{\cos x \sin^2 2nx + \sin x \cdot 2 \sin 2nx \cdot \cos 2nx \cdot 2n}{-2n \sin x \cos 2nx + 2n \cos x \cdot (-\sin 2nx) \cdot 2n} = 0.$$

于是利用例 8.4 的结果立得

$$I = \frac{1}{2n} \int_0^{\frac{\pi}{2}} \frac{\sin 2nx \sin x}{\cos x} \mathrm{d}x = \frac{1}{2n} \int_0^{\frac{\pi}{2}} \frac{\cos 2nx \cos x - \cos(2n+1)x}{\cos x} \mathrm{d}x$$
$$= \frac{1}{2n} \int_0^{\frac{\pi}{2}} \cos 2nx\, \mathrm{d}x - \frac{1}{2n} \int_0^{\frac{\pi}{2}} \frac{\cos(2n+1)x}{\cos x} \mathrm{d}x = \frac{-1}{2n} \int_0^{\frac{\pi}{2}} \frac{\cos(2n+1)x}{\cos x} \mathrm{d}x.$$

从而, 命 $x = \dfrac{\pi}{2} - t$ (此时有 $\cos(2n+1)x = (-1)^n \sin(2n+1)t$, 又当 $x = 0$ 时 $t = \dfrac{\pi}{2}$, $x = \dfrac{\pi}{2}$ 时 $t = 0$ 且 $\mathrm{d}x = -\mathrm{d}t$), 则有

$$I = \frac{(-1)^{n+1}}{2n} \int_0^{\frac{\pi}{2}} \frac{\sin(2n+1)t}{\sin t} \mathrm{d}t.$$

最后, 根据三角公式 $\dfrac{\sin(2n+1)t}{\sin t} = 1 + \displaystyle\sum_{k=1}^n \cos 2kt$ 和例 8.4 便知

$$I = \frac{(-1)^{n+1}}{2n} \int_0^{\frac{\pi}{2}} \left(1 + \sum_{k=1}^n \cos 2kt \right) \mathrm{d}t = \frac{(-1)^{n+1}}{2n} \int_0^{\frac{\pi}{2}} 1 \mathrm{d}t = (-1)^{n+1} \frac{\pi}{4n}.$$

例 8.8　求积分 $\displaystyle\int_0^\pi \ln \sin x \mathrm{d}x = I$ 的值.

解　显然被积函数仅在两个端点附近为无界, 而且其原函数不易求得. 由于

$$I = \int_0^{\frac{\pi}{2}} \ln \sin x \mathrm{d}x + \int_{\frac{\pi}{2}}^\pi \ln \sin x \mathrm{d}x = I_1 + I_2,$$

又命 $x = \pi - t$ 可得

$$I_2 = -\int_{\frac{\pi}{2}}^0 \ln \sin t \mathrm{d}t = I_1,$$

所以有 $I = 2I_1$. 另一方面, 令 $x = 2t$, 又有

$$\begin{aligned} I &= 2 \int_0^{\frac{\pi}{2}} \ln \sin 2t \mathrm{d}t = 2 \int_0^{\frac{\pi}{2}} \ln(2 \sin t \cos t) \mathrm{d}t \\ &= 2 \left(\int_0^{\frac{\pi}{2}} \ln 2 \mathrm{d}t + \int_0^{\frac{\pi}{2}} \ln \sin t \mathrm{d}t + \int_0^{\frac{\pi}{2}} \ln \cos t \mathrm{d}t \right) \\ &= 2 \left(\frac{\pi}{2} \ln 2 + I_1 + I_3 \right) = \pi \ln 2 + 2I_1 + 2I_3. \end{aligned}$$

再注意到命 $t = \dfrac{\pi}{2} - u$ 可得

$$I_3 = -\int_{\frac{\pi}{2}}^0 \ln \sin u \mathrm{d}u = I_1,$$

于是, 得到

$$I = \pi \ln 2 + I + I,$$

即 $I = -\pi \ln 2$.

对于无穷区间的黎曼积分所相应的牛顿–莱布尼茨定理为

命题 8.10　设 $f(x)$ 在 $[a, \infty)$ 上存在原函数 $F(x)$, 即

$$F'(x) = f(x), \quad \forall x \in [a, \infty),$$

并且对任何 $M > 0$, $f(x)$ 在 $[a, M]$ 上 (R) 可积. 若 $\lim\limits_{M \to \infty} F(M)$ 存在, 则记作 $F(\infty)$, 且有

$$\int_a^\infty f(x)\mathrm{d}x = F(\infty) - F(a).$$

证明　注意: 当 $\lim\limits_{M \to \infty} \int_a^M f(x)\mathrm{d}x$ 存在时, $f(x)$ 在无穷区间 $[a, \infty)$ 上的黎曼积分就定义为

$$\int_a^\infty f(x)\mathrm{d}x = \lim\limits_{M \to \infty} \int_a^M f(x)\mathrm{d}x.$$

从而, 由 $F(\infty)$ 存在和牛顿–莱布尼茨定理立得

$$F(\infty) - F(a) = \lim\limits_{M \to \infty} (F(M) - F(a)) = \lim\limits_{M \to \infty} \int_a^M f(x)\mathrm{d}x$$

存在, 即 $\int_a^\infty f(x)\mathrm{d}x$ 存在并有

$$\int_a^\infty f(x)\mathrm{d}x = F(\infty) - F(a).$$

注 8.12　类似地, 有无穷区间 $(-\infty, a]$ 和 $(-\infty, \infty)$ 上的黎曼积分相应的牛顿–莱布尼茨定理.

例 8.9　若 $f(x)$ 在 $[1, \infty)$ 上可导, $f(1) = 1$ 且 $f'(x) = \dfrac{1}{x^2 + f^2(x)}$, 证明 $\lim\limits_{x \to \infty} f(x)$ 存在且 $\leqslant 1 + \dfrac{\pi}{4}$.

证明　因为 $f'(x) = \dfrac{1}{x^2 + f^2(x)} > 0$ $(\forall x \in [1, \infty))$, 故由命题 6.3 知 $f(x)$ 在 $[1, \infty)$ 上单调增加, 于是只需证 $f(x)$ 在 $[1, \infty)$ 上有上界便知 $\lim\limits_{x \to \infty} f(x)$ 存在. 因此, 本题只需证:

$$f(x) \leqslant 1 + \frac{\pi}{4}, \quad \forall x \in [1, \infty).$$

事实上, 由 $f(x)$ 在 $[1, \infty)$ 上单调增加, 有 $f(x) \geqslant f(1) = 1$, 即可推得

$$f'(x) = \frac{1}{x^2 + f^2(x)} \leqslant \frac{1}{x^2 + 1}, \quad \forall x \in [1, \infty),$$

因此由命题 8.10 和命题 8.1 的 (12) 即知

$$\int_1^\infty \frac{1}{x^2 + 1}\mathrm{d}x = \arctan \infty - \arctan 1 = \frac{\pi}{2} - \frac{\pi}{4} = \frac{\pi}{4}.$$

从而当 $x \in [1, \infty)$ 时, 对 $[1, x]$ 利用牛顿–莱布尼茨公式就有

$$\begin{aligned}
f(x) &= f(1) + \int_1^x f'(t)\mathrm{d}t \leqslant 1 + \int_1^x \frac{1}{t^2 + 1}\mathrm{d}t \\
&\leqslant 1 + \int_1^\infty \frac{1}{t^2 + 1}\mathrm{d}t = 1 + \frac{\pi}{4}.
\end{aligned}$$

注 8.13   在注 3.10 中曾指出: " $[a, b]$ 上的连续函数列 $\{f_n(x)\}$ 的极限函数在 $[a, b]$ 上也连续可以表述成:

$$\lim_{x \to x_0} \lim_{n \to \infty} f_n(x) = \lim_{n \to \infty} \lim_{x \to x_0} f_n(x), \quad \forall x_0 \in [a, b],"$$

并以此作为 Hardy 在文献 [9] 中对两种极限运算顺序交换问题的重要性的高度重视的一个例证.

下面考虑 $[a, \infty)$ 上的可积函数列 $\{f_n(x)\}$ 的极限运算与无穷区间 $[a, \infty)$ 上的积分运算的交换顺序问题, 即等式

$$\lim_{n \to \infty} \int_a^\infty f_n(x)\mathrm{d}x = \int_a^\infty \lim_{n \to \infty} f_n(x)\mathrm{d}x$$

何时能够成立. 由于无穷区间 $[a, \infty)$ 上的积分

$$\int_a^\infty f_n(x)\mathrm{d}x = \lim_{M \to \infty} \int_a^\infty f_n(x)\mathrm{d}x,$$

所以上述的极限顺序交换问题, 其实是三个极限运算的一种特定的交换顺序问题

$$\lim_{n \to \infty} \lim_{M \to \infty} \int_a^M f_n(x)\mathrm{d}x = \lim_{M \to \infty} \int_a^M \lim_{n \to \infty} f_n(x)\mathrm{d}x.$$

对这个特殊的极限顺序交换问题, 庄亚栋等在文献 [34] 的定理 6.2 中给出了可以保证它成立的一种情况, 读者可自行参阅之.

8.5   分部积分与广义导数

类似地, 命题 8.9 的 (1) 对于无穷区间 $(-\infty, \infty)$ 也有相应的形式:

$$\int_{-\infty}^\infty f(x)g'(x)\mathrm{d}x = f(x)g(x)\big|_{-\infty}^\infty - \int_{-\infty}^\infty f'(x)g(x)\mathrm{d}x.$$

因此, 当 $f(x)$ 连续可导且在某有界闭区间外恒为 0 时就有

$$\int_{-\infty}^\infty f(x)g'(x)\mathrm{d}x = -\int_{-\infty}^\infty f'(x)g(x)\mathrm{d}x.$$

这样一来, 在实际问题, 如在电学等领域中有广泛应用, 但不可导的单位阶跃函数

$$H_c(x) = \begin{cases} 1, & x \geqslant c, \\ 0, & x < c \end{cases}$$

之类的函数, 就能够引入一种广义导数, 以满足各方面的需求.

定义 8.1   设 $g(x)$ 定义在 $(-\infty, \infty)$ 上并在任何有界闭区间上可积. 若存在定义在 $(-\infty, \infty)$ 上的函数 $G(x)$ 使得

$$\int_{-\infty}^\infty f(x)G(x)\mathrm{d}x = -\int_{-\infty}^\infty f'(x)g(x)\mathrm{d}x$$

对任何 $f(x) \in C_0^1(-\infty, \infty)$ 恒成立, 则称 $G(x)$ 为 $g(x)$ 的广义导数, 记作

$$\left[\frac{\mathrm{d}g(x)}{\mathrm{d}x}\right] = G(x),$$

其中 $C_0^1(-\infty, \infty)$ 表示所有在 $(-\infty, \infty)$ 上连续可导且在某有界闭区间外恒为 0 的函数的集合.

例 8.10　求 $H_c(x)$ 的广义导数.

解　显然, $\forall f(x) \in C_0^1(-\infty, \infty)$ 有

$$-\int_{-\infty}^{\infty} f'(x)H_c(x)\mathrm{d}x = -\int_c^{\infty} f'(x)\mathrm{d}x = -f(x)|_c^{\infty} = f(c).$$

另一方面, 令 $G(x) = (x-c)H_c(x)$, 则 $\forall f(x) \in C_0^1(-\infty, \infty)$, 由分部积分公式又有

$$\int_{-\infty}^{\infty} f(x)G(x)\mathrm{d}x = \int_{-\infty}^{\infty} f(x)(x-c)H_c(x)\mathrm{d}x = \int_c^{\infty} f(x)(x-c)\mathrm{d}x$$
$$= f'(x)(x-c)|_c^{\infty} - \int_c^{\infty} f'(x)\mathrm{d}x = -\int_c^{\infty} f'(x)\mathrm{d}x = f(c).$$

这表明

$$\int_{-\infty}^{\infty} f(x)(x-c)H_c(x)\mathrm{d}x = -\int_{-\infty}^{\infty} f'(x)H_c(x)\mathrm{d}x, \quad \forall f(x) \in C_0^1(-\infty, \infty)$$

恒成立, 即 $\left[\dfrac{\mathrm{d}H_c(x)}{\mathrm{d}x}\right] = (x-c)H_c(x)$.

注 8.14　注 5.11 曾指出, 函数的一致可导性表述的是函数在整个区间上的一种特性; 同样, 函数的广义可导性也体现出了函数的某种整体性质. 容易看出, 广义可导性要比一致可导性弱很多: 例 8.10 说明不可导的 $H_c(x)$ 都还有广义导数. 广义导数的进一步知识, 涉及索伯列夫 (Соболев) 空间和广义函数理论, 欲知其梗概, 建议阅读文献 [47] 的第 6 章.

注 8.15　例 8.10 可以直接用于力学中梁的弯曲问题的讨论, 如参看文献 [48].

注 8.16　本节的内容对学习偏微分方程的现代方法多少也会有些裨益. 1983 年现代数学译丛[49] 中第 9 页就有这样的提法: "以致所有研究偏微分方程的人的第一条普遍法则是: 当你不知道下一步该做什么时, 那就用分部积分."

第9章 凸函数类

9.1 凸函数及其左、右导数

定义 9.1 设 $f(x)$ 定义在区间 I 上 (I 可以是开区间、闭区间或半开半闭区间, 也可以是无限区间). 如果对任何 $a, b \in I$, $a < b$, $y = f(x)$ 在 $[a, b]$ 上的图像都在直线段 AB 的下方, 其中 $A = (a, f(a))$, $B = (b, f(b))$ (图 9.1), 则称 $f(x)$ 为 I 上的凸函数. 又当 $y = f(x)$ 在 $[a, b]$ 上的图像都在直线段 AB 上方时, 就称 $f(x)$ 为 I 上的凹函数.

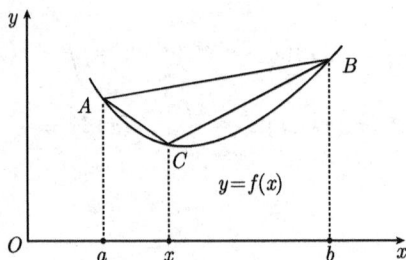

图 9.1

显然, 直线 AB 的方程为

$$y = \frac{f(b) - f(a)}{b - a}(x - a) + f(a)$$

或

$$y = \frac{f(b) - f(a)}{b - a}(x - b) + f(b).$$

从而, $y = f(x)$ 在 $[a, b]$ 上的图像在 AB 的下方是指

$$f(x) \leqslant \frac{f(b) - f(a)}{b - a}(x - a) + f(a) = \frac{b - x}{b - a}f(a) + \frac{x - a}{b - a}f(b), \quad \forall x \in [a, b] \tag{9.1}$$

或

$$f(x) \leqslant \frac{f(b) - f(a)}{b - a}(x - b) + f(b), \quad \forall x \in [a, b]. \tag{9.2}$$

注意到, 若命 $\lambda = \dfrac{b - x}{b - a}$, 易知 $\lambda \in [0, 1]$ 且有 $\dfrac{x - a}{b - a} = 1 - \lambda$. 另一方面, $\forall \lambda \in [0, 1]$, 令 $x = b - \lambda(b - a)$ 就有 $x = \lambda a + (1 - \lambda)b \in [a, b]$ 且 $\dfrac{b - x}{b - a} = \lambda$, $1 - \lambda = \dfrac{x - a}{b - a}$. 于是可知定义 9.1 所定义的凸函数等价于如下的

定义 9.1′ 设 $f(x)$ 定义在区间 I 上, 若对任何 $a, b \in I$ 有

$$f(\lambda a + (1 - \lambda)b) \leqslant \lambda f(a) + (1 - \lambda)f(b), \quad \forall \lambda \in [0, 1],$$

则称 $f(x)$ 在 I 上是凸的.

更进一步地, 由不等式 (9.1) 和式 (9.2) 立即可得

$$\frac{f(x) - f(a)}{x - a} \leqslant \frac{f(b) - f(a)}{b - a}, \tag{9.3}$$

$$\frac{f(b) - f(a)}{b - a} \leqslant \frac{f(x) - f(b)}{x - b} \tag{9.4}$$

对任何 $a, b \in I$, $x \in (a, b)$ 成立. 另一方面, 式 (9.3) 与式 (9.4) 均可逆推得到相应的不等式 (9.1) 与 (9.2).

另外, 结合不等式 (9.3), 式 (9.4) 立得不等式

$$\frac{f(x) - f(a)}{x - a} \leqslant \frac{f(x) - f(b)}{x - b} \tag{9.5}$$

对 I 中任意的 $a < x < b$ 均成立. 进而,

$$(x - b)(f(x) - f(a)) \geqslant (f(x) - f(b))(x - a),$$

即

$$x(f(b) - f(a)) + bf(a) - af(b) \geqslant (b - a)f(x).$$

这样又可得到

$$x(f(b) - f(a)) - a(f(b) - f(a)) + (b - a)f(a) \geqslant (b - a)f(x),$$

亦即对 I 中任意的 $a < x < b$ 都有式 (9.1) 成立.

因此, 又可得到凸函数的下述判别法:

命题 9.1　定义在区间 I 上的函数 $f(x)$ 为凸函数当且仅当对任何 $a, b \in I$, $a < x < b$, 不等式 (9.3), 式 (9.4), 式 (9.5) 中之一恒成立.

注 9.1　从几何上看, 不等式 (9.3)、式 (9.4) 和式 (9.5) 分别相当于: 图 5.1 中,

直线 AC 的斜率 $\leqslant$ 直线 AB 的斜率, AB 的斜率 $\leqslant$ BC 的斜率, AC 的斜率 $\leqslant$ BC 的斜率.

命题 9.2　设 $f(x)$ 为区间 I 上的凸函数, 若 $c \in I$ 且不是 I 的端点, 则 $f(x)$ 在 $x = c$ 处连续, $f'_+(c)$ 与 $f'_-(c)$ 都存在且 $f'_-(c) \leqslant f'_+(c)$.

证明　因为对任何满足 $c < x < x'$, 或 $x < x' < c$, 或 $x < c < x'$ 的 $x, x' \in I$, 由不等式 (9.4) 与式 (9.5) 依次均可得到

$$\frac{f(x) - f(c)}{x - c} \leqslant \frac{f(x') - f(c)}{x' - c},$$

故函数 $\dfrac{f(x) - f(c)}{x - c}$ 是关于 x 的单调增加函数. 从而根据命题 4.1 知该函数在 $x = c$ 处的左、

右极限均存在, 且有

$$f'_-(c) = \lim_{x \to c-0} \frac{f(x) - f(c)}{x - c} \leqslant \lim_{x' \to c+0} \frac{f(x') - f(c)}{x' - c} = f'_+(c),$$

即 $f'_+(c)$ 与 $f'_-(c)$ 均存在且 $f'_-(c) \leqslant f'_+(c)$. 这也表明 $f(x)$ 在 $x = c$ 处为左、右连续, 亦即在 $x = c$ 处 $f(x)$ 连续.

命题 9.3　若 $f(x)$ 在区间 I 上是凸的, 则在 I 内 (不包括端点, 通常也用 I^0 来表示) $f'_+(x)$ 与 $f'_-(x)$ 均为单调增加函数.

证明　由命题 9.1 与命题 9.2 便知, 当 $a, b \in I^0$ 时对 $a < b$ 有

$$\begin{aligned}
f'_-(a) \leqslant f'_+(a) &= \lim_{x \to a+0} \frac{f(x) - f(a)}{x - a} \leqslant \frac{f(b) - f(a)}{b - a} \\
&\leqslant \lim_{x \to b-0} \frac{f(x) - f(b)}{x - b} = f'_-(b) \leqslant f'_+(b),
\end{aligned}$$

于是得到

$$f'_-(a) \leqslant f'_-(b), \quad f'_+(a) \leqslant f'_+(b).$$

命题 9.4　若 $f(x)$ 在区间 I 上是凸的, 则在 I 内 $f'_+(x)$ 为右连续, $f'_-(x)$ 为左连续.

证明　设 $f'_+(x)$ 在 $x_0 \in I^0$ 处非右连续. 因由命题 9.3 知 $f'_+(x)$ 在 I 内为单调增加, 且由命题 4.1 又知 $f'_+(x)$ 在 x_0 处的右极限 $\lim\limits_{x \to x_0+0} f'_+(x) = l$ 存在, 故应有

$$f'_+(x_0) < l.$$

于是存在 $\delta_0 > 0$, 使当 $0 < h < \delta_0$ 时, $x_0 + h$ 仍在 I 内且

$$\frac{f(x_0 + h) - f(x_0)}{h} < l,$$

取 $h_0 \in \left(0, \dfrac{\delta_0}{2}\right)$, 自然有

$$\frac{f(x_0 + h_0) - f(x_0)}{h_0} < l.$$

命 $\varepsilon_0 \in \left(0, l - \dfrac{f(x_0 + h_0) - f(x_0)}{h_0}\right)$, 由命题 9.2 知 $\dfrac{f(x + h_0) - f(x)}{h_0}$ 在 $x = x_0$ 处连续, 故存在 $\delta \in \left(0, \dfrac{\delta_0}{2}\right)$, 使当 $x_0 < x < x_0 + \delta$ 时有

$$\frac{f(x + h_0) - f(x)}{h_0} < l - \frac{\varepsilon_0}{2}.$$

从而利用命题 9.1 的不等式 (9.3) 即得, 当 $x_0 < x < x_0 + \delta$ 时有

$$f'_+(x) \leqslant \frac{f(x + h_0) - f(x)}{h_0} < l - \frac{\varepsilon_0}{2},$$

再由 $f'_+(x)$ 的单调增加性便知, 这与 $\lim\limits_{x \to x_0+0} f'_+(x) = l$ 矛盾.

同理可证 $f'_-(x)$ 的左连续性.

注 9.2　凸函数在区间 I 的端点处可以不连续.

例 9.1　设 $f(x) = \begin{cases} x^2, & x \in [0,1), \\ 2, & x = 1, \end{cases}$ 则由图 9.2 易知 $f(x)$ 在 $[0,1]$ 上是凸的, 但在 $x = 1$ 处却并不连续.

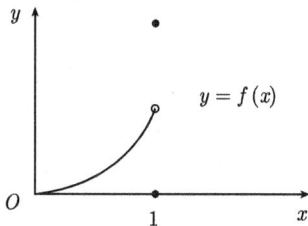

图 9.2

对连续函数来说, 凸性定义 9.1 又等价于

定义 9.1″　设 $f(x)$ 为区间 I 上的连续函数, 则 $f(x)$ 在 I 上为凸是指: 对任何 $x_1, x_2 \in I$ 恒有

$$f\left(\frac{x_1 + x_2}{2}\right) \leqslant \frac{f(x_1) + f(x_2)}{2}.$$

事实上, 只需证定义 9.1′ 等价于定义 9.1″. 在定义 9.1′ 中取 $\lambda = \dfrac{1}{2}$ 即知定义 9.1′ $\Rightarrow$ 定义 9.1″. 至于定义 9.1″ $\Rightarrow$ 定义 9.1′, 需要按下列步骤来证明:

(1) $\forall n \in \mathbb{N}$, 有 $f\left(\dfrac{x_1 + x_2 + \cdots + x_{2^n}}{2^n}\right) \leqslant \dfrac{f(x_1) + f(x_2) + \cdots + f(x_{2^n})}{2^n}$.

由定义 9.1″ 和归纳法立得

$$
\begin{aligned}
& f\left(\frac{x_1 + x_2 + \cdots + x_{2^{n+1}}}{2^{n+1}}\right) \\
& \leqslant \frac{1}{2} f\left(\frac{x_1 + \cdots + x_{2^n}}{2^n}\right) + \frac{1}{2} f\left(\frac{x_{2^n+1} + \cdots + x_{2^{n+1}}}{2^n}\right) \\
& \leqslant \frac{1}{2}\left(\frac{f(x_1) + \cdots + f(x_{2^n})}{2^n}\right) + \frac{1}{2}\left(\frac{f(x_{2^n+1}) + \cdots + f(x_{2^{n+1}})}{2^n}\right) \\
& = \frac{f(x_1) + f(x_2) + \cdots + f(x_{2^{n+1}})}{2^{n+1}}.
\end{aligned}
$$

(2) 对任何 $n \in \mathbb{N}$ 有 $f\left(\dfrac{x_1 + x_2 + \cdots + x_n}{n}\right) \leqslant \dfrac{f(x_1) + f(x_2) + \cdots + f(x_n)}{n}$.

由 (1) 易见, 只需证: 假设 $n = k + 1$ 时, 上述不等式成立, 则该不等式对 $n = k$ 也成立.

由于

$$f\left(\frac{x_1 + x_2 + \cdots + x_k}{k}\right) = f\left(\frac{x_1 + x_2 + \cdots + x_k + (x_1 + x_2 + \cdots + x_k)/k}{k+1}\right)$$

$$\leqslant \frac{f(x_1) + f(x_2) + \cdots + f(x_k) + f((x_1 + x_2 + \cdots + x_k)/x_k)}{k+1},$$

所以就有

$$(k+1)f((x_1 + x_2 + \cdots + x_k)/k) \leqslant f(x_1) + f(x_2) + \cdots + f(x_k)$$

$$+ f((x_1 + x_2 + \cdots + x_k)/k),$$

即

$$f\left(\frac{x_1 + x_2 + \cdots + x_k}{k}\right) \leqslant \frac{f(x_1) + f(x_2) + \cdots + f(x_k)}{k}.$$

(3) 对 $(0,1)$ 中的任何有理数 $\frac{m}{n}$ $(n, m \in \mathbb{N}, n > m)$ 有

$$f\left(\frac{m}{n}x_1 + \left(1 - \frac{m}{n}\right)x_2\right) \leqslant \frac{m}{n}f(x_1) + \left(1 - \frac{m}{n}\right)f(x_2).$$

事实上, 由 (2) 便知: 上式左端

$$= f\left(\frac{mx_1 + (n-m)x_2}{n}\right) = f\left(\frac{\overbrace{x_1 + x_1 + \cdots + x_1}^{m} + \overbrace{x_2 + x_2 + \cdots + x_2}^{n-m}}{n}\right)$$

$$\leqslant \frac{\overbrace{f(x_1) + \cdots + f(x_1)}^{m} + \overbrace{f(x_2) + \cdots + f(x_2)}^{n-m}}{n}$$

$$= \frac{mf(x_1) + (n-m)f(x_2)}{n},$$

此即欲证的不等式的右端.

(4) 对任何 $(0,1)$ 中的无理数 λ, 均存在有理数列 $\{\lambda_n\} \subset (0,1)$ 使得 $\lim\limits_{n \to \infty} \lambda_n = \lambda$. 从而由 $f(x)$ 在 $x = \lambda x_1 + (1-\lambda)x_2$ 处的连续性即得

$$f(\lambda x_1 + (1-\lambda)x_2) = f(\lim\limits_{n \to \infty} \lambda_n x_1 + (1 - \lim\limits_{n \to \infty} \lambda_n)x_2)$$

$$= f(\lim\limits_{n \to \infty}(\lambda_n x_1 + (1-\lambda_n)x_2))$$

$$= \lim\limits_{n \to \infty} f(\lambda_n x_1 + (1-\lambda_n)x_2),$$

又由 (3) 可知

$$f(\lambda_n x_1 + (1-\lambda_n)x_2) \leqslant \lambda_n f(x_1) + (1-\lambda_n)f(x_2)$$

$$\to \lambda f(x_1) + (1-\lambda)f(x_2) \quad (n \to \infty),$$

于是得到

$$f(\lambda x_1 + (1-\lambda)x_2) \leqslant \lambda f(x_1) + (1-\lambda)f(x_2).$$

命题 9.5 设 $f(x)$ 在区间 I 上可导, 则 $f(x)$ 在 I 上为凸函数当且仅当 $f'(x)$ 在 I 上单调增加.

证明 必要性 由已知 $f'(x)$ 在 I 上存在, 因而仿命题 9.3 之证即知 $\forall x_1, x_2 \in I$ 且 $x_1 < x_2$ 就有

$$f'(x_1) \leqslant f'(x_2).$$

充分性 由已知 $f'(x)$ 在 I 上存在, 这样 $f(x)$ 在 I 上就连续. 因此由定义 9.1″ 知: 要证 $f(x)$ 在 I 上为凸函数, 只需证 $\forall x_1, x_2 \in I$ (不妨设 $x_1 < x_2$) 有

$$f\left(\frac{x_1+x_2}{2}\right) \leqslant \frac{f(x_1)+f(x_2)}{2},$$

即 $f(x_1) + f(x_2) - 2f\left(\dfrac{x_1+x_2}{2}\right) \geqslant 0.$

对 $\left[x_1, \dfrac{x_1+x_2}{2}\right]$ 和 $\left[\dfrac{x_1+x_2}{2}, x_2\right]$ 分别用拉格朗日中值定理知, 存在 $\xi \in \left(x_1, \dfrac{x_1+x_2}{2}\right)$ 和 $\eta \in \left(\dfrac{x_1+x_2}{2}, x_2\right)$ 使得

$$f\left(\frac{x_1+x_2}{2}\right) - f(x_1) = f'(\xi)\left(\frac{x_1+x_2}{2} - x_1\right) = f'(\xi)\frac{x_2-x_1}{2},$$

$$f(x_2) - f\left(\frac{x_1+x_2}{2}\right) = f'(\eta)\left(x_2 - \frac{x_1+x_2}{2}\right) = f'(\eta)\frac{x_2-x_1}{2}.$$

从而得到

$$\begin{aligned}
&f(x_1) + f(x_2) - 2f\left(\frac{x_1+x_2}{2}\right) \\
&= \left(f(x_2) - f\left(\frac{x_1+x_2}{2}\right)\right) - \left(f\left(\frac{x_1+x_2}{2}\right) - f(x_1)\right) \\
&= f'(\eta)\frac{x_2-x_1}{2} - f'(\xi)\frac{x_2-x_1}{2} \\
&= (f'(\eta) - f'(\xi))\frac{x_2-x_1}{2},
\end{aligned}$$

再由条件 $f'(x)$ 在 I 上为单调增加就有 $f'(\eta) - f'(\xi) \geqslant 0$, 于是可得欲证的结论.

命题 9.6 设 $f''(x)$ 在区间 I 上存在, 则 $f(x)$ 在 I 上为凸函数当且仅当 $\forall x \in I$ 有 $f''(x) \geqslant 0$.

证明 由命题 9.5 知 $f(x)$ 在 I 上为凸当且仅当 $f'(x)$ 在 I 上单调增加, 再仿命题 6.3 之证又知当且仅当 $f''(x) \geqslant 0$ 在 I 上恒成立.

9.2 凸函数的积分性质及奥尔利奇的 N 函数

命题 9.7 设 $g(x)$ 在 $[a,b]$ 上为单调增加函数, 则 $\forall c \in (a,b)$,

$$f(x) = \int_c^x g(t)\mathrm{d}t$$

为 $[a,b]$ 上的凸函数.

证明 因为 $g(x)$ 在 $[a,b]$ 上单调增加, 故由命题 7.2 知所定义的函数 $f(x)$ 是有意义的, 并且对 $[a,b]$ 中的任意三个点 $x_1 < x_2 < x_3$ 恒有不等式

$$\begin{aligned}
\frac{f(x_2) - f(x_1)}{x_2 - x_1} &= \frac{1}{x_2 - x_1} \int_{x_1}^{x_2} g(t)\mathrm{d}t \leqslant g(x_2) \\
&\leqslant \frac{1}{x_3 - x_2} \int_{x_2}^{x_3} g(t)\mathrm{d}t = \frac{f(x_3) - f(x_2)}{x_3 - x_2},
\end{aligned}$$

即不等式 (9.5) 恒成立, 根据命题 9.1 立得 $f(x)$ 为 $[a,b]$ 上的凸函数.

命题 9.8 设 $f(x)$ 为 $[a,b]$ 上的凸函数, 则 $\forall c \in (a,b)$ 有

$$f(x) = f(c) + \int_c^x f'_+(t)\mathrm{d}t = f(c) + \int_c^x f'_-(t)\mathrm{d}t, \quad \forall x \in (a,b).$$

证明 由命题 9.3 知 $f'_+(x)$ 与 $f'_-(x)$ 在 (a,b) 内单调增加, 于是上式的两个积分均存在. 对 $c < x$ 的情形, 作分划:

$$c = x_0 < x_1 < x_2 < \cdots < x_n = x,$$

则有

$$f(x) - f(c) = \sum_{k=1}^n (f(x_k) - f(x_{k-1})).$$

对 $x_{k-1} < x' < x_k$ 利用不等式 (9.3) 即得

$$\frac{f(x_k) - f(x_{k-1})}{x_k - x_{k-1}} \geqslant \frac{f(x') - f(x_{k-1})}{x' - x_{k-1}},$$

于是命 $x' \to x_{k-1} + 0$ 就得到

$$\frac{f(x_k) - f(x_{k-1})}{x_k - x_{k-1}} \geqslant \lim_{x' \to x_{k-1}+0} \frac{f(x') - f(x_{k-1})}{x' - x_{k-1}} = f'_+(x_{k-1}).$$

类似地, 对 $x_{k-1} < x'' < x_k$ 利用不等式 (9.4) 并命 $x'' \to x_k - 0$, 再由命题 9.2 即得

$$\frac{f(x_k) - f(x_{k-1})}{x_k - x_{k-1}} \leqslant \lim_{x'' \to x_k-0} \frac{f(x'') - f(x_k)}{x'' - x_k} = f'_-(x_k) \leqslant f'_+(x_k).$$

总之, 我们有

$$f'_+(x_{k-1})(x_k - x_{k-1}) \leqslant f(x_k) - f(x_{k-1}) \leqslant f'_+(x_k)(x_k - x_{k-1}),$$

即

$$\sum_{k=1}^{n} f'_+(x_{k-1})(x_k - x_{k-1}) \leqslant \sum_{k=1}^{n} (f(x_k) - f(x_{k-1})) \leqslant \sum_{k=1}^{n} f'_+(x_k)(x_k - x_{k-1}).$$

从而根据 $\int_c^x f'_+(t)\mathrm{d}t$ 的存在立得

$$\int_c^x f'_+(t)\mathrm{d}t \leqslant f(x) - f(c) \leqslant \int_c^x f'_+(t)\mathrm{d}t,$$

亦即

$$f(x) = f(c) + \int_c^x f'_+(t)\mathrm{d}t.$$

同理可证 $c > x$ 的情形, 以及关于 $f'_-(x)$ 的积分等式, 此处从略.

定义 9.2 若定义在 $\mathbb{R} = (-\infty, \infty)$ 上的函数 $M(u)$ 具有下列性质, 则称为 N 函数:

(1) $M(u)$ 为偶的连续凸函数且 $M(0) = 0$;

(2) 当 $u > 0$ 时 $M(u) > 0$;

(3) $\lim\limits_{u \to 0} \dfrac{M(u)}{u} = 0$, $\lim\limits_{u \to \infty} \dfrac{M(u)}{u} = \infty$.

注 9.3 关于 N 函数的概念, 最早见于 Birnbaum 等的著作[50], 在文献 [51] 和 [52] 中对 N 函数的性质都有较详细的讨论. 然而, 在这些论文与著作中均按定义 9.1″ 来定义函数的凸性, 为了利用该定义与定义 9.1 的等价性, 就必需附加其连续性的条件, 以致在文献 [51] 的首页特别指出: "我们仅对连续的凸函数感兴趣". 其实, 根据定义 9.1 以及命题 9.3 和命题 9.4 立刻知道: "若 $f(x)$ 在 $(-\infty, \infty)$ 上为凸函数, 则在 $(-\infty, \infty)$ 上 $f'_+(x)$ 与 $f'_-(x)$ 分别为右与左连续的单调增加函数". 因此, 当采用定义 9.1 来定义函数的凸性时, 在 N 函数的定义 9.2 中即可不必要求 $M(u)$ 的连续性.

借助命题 9.7 与命题 9.8 以及注 9.3, 容易看出有如下的命题:

命题 9.9 定义在 $(-\infty, \infty)$ 上的函数 $M(u)$ 为偶的连续凸函数且 $M(0) = 0$ 当且仅当存在定义在 $[0, \infty)$ 上的右连续单调增加函数 $p(u)$ 使得

$$M(u) = \int_0^{|u|} p(t)\mathrm{d}t, \quad \forall u \in (-\infty, \infty), \tag{9.6}$$

并且这时 $p(u)$ 为 $M(u)$ 的右导数.

命题 9.10 $M(u)$ 为 N 函数的充要条件是存在定义在 $[0, \infty)$ 上的函数 $p(u)$, 它满足下列条件:

(1) $p(u)$ 为右连续的单调增加函数;

(2) 当 $u > 0$ 时 $p(u) > 0$;

(3) $p(0) = 0$, $\lim\limits_{u \to \infty} p(u) = \infty$

并且使得式 (9.6) 成立.

证明   根据命题 9.9 可知, $M(u)$ 具有定义 9.2 的性质 (1) 当且仅当存在满足命题 9.10 的 (1) 的 $p(u)$ 使得式 (9.6) 成立, 并且这时 $p(u)$ 为 $M(u)$ 的右导数. 注意由 $p(t)$ 的单调增加性和式 (9.6) 即知当 $u \geqslant 0$ 时

$$M(u) = \int_0^u p(t)\mathrm{d}t \leqslant up(u),$$

即当 $u > 0$ 时有

$$\frac{M(u)}{u} \leqslant p(u).$$

这表明当 $M(u)$ 满足定义 9.2 的 (2) 和 (3) 时当然 $p(u)$ 满足 (2) 且有

$$p(0) = \lim_{u \to 0+0} \frac{M(u) - M(0)}{u - 0} = \lim_{u \to 0+0} \frac{M(u)}{u} = 0,$$

$$\lim_{u \to \infty} p(u) \geqslant \lim_{u \to \infty} \frac{M(u)}{u} = \infty,$$

即 $p(u)$ 满足 (3).

反之, 若 $p(u)$ 满足 (2), 则当 $u > 0$ 时由

$$M(u) = \int_0^u p(t)\mathrm{d}t \geqslant \int_{\frac{u}{2}}^u p(t)\mathrm{d}t \geqslant \frac{u}{2}p\left(\frac{u}{2}\right)$$

便知 $M(u)$ 满足定义 9.2 的 (2), 且当 $p(u)$ 再满足 (3) 时又可得到

$$\lim_{u \to \infty} \frac{M(u)}{u} \geqslant \lim_{u \to \infty} \frac{1}{2}p\left(\frac{u}{2}\right) = \infty,$$

由当 $u > 0$ 时有 $\dfrac{M(u)}{u} \leqslant p(u)$ 还可得

$$\lim_{u \to 0+0} \frac{M(u)}{u} \leqslant \lim_{u \to 0+0} p(u) = p(0) = 0,$$

这表明 $M(u)$ 也满足定义 9.2 的 (3).

注 9.4   关于 N 函数的各种性质, 请参看文献 [51] 和 [52] 的第 1 章. 以泛函空间创始人之一的奥尔利奇 (Orlicz) 来命名的奥尔利奇空间就是建立在 N 函数理论基础上的, 它对数学的许多领域及非线性问题有着广泛应用. 该空间是奥尔利奇于 1932 年在文献 [53] 中引入的, 有关奥尔利奇空间的理论与应用也请看文献 [51] 和 [52].

9.3   凸函数类的线性扩张

命题 9.11   (1) 若 $f(x), g(x)$ 为 $[a, b]$ 上的凸函数, 则 $f(x) + g(x)$ 也是 $[a, b]$ 上的凸函数;

(2) 若 $f(x)$ 为 $[a, b]$ 上的凸函数, $c \geqslant 0$, 则 $cf(x)$ 也是 $[a, b]$ 上的凸函数;

(3) 若 $f(x)$ 为 $[a,b]$ 上的凸函数, 则 $-f(x)$ 是 $[a,b]$ 上的凹函数;

(4) 若 $f(x)$ 为 $[a,b]$ 上的凹函数, 则 $-f(x)$ 是 $[a,b]$ 上的凸函数.

证明　由定义 9.1′ 与 9.1 立得.

命题 9.12　若 $f(x)$ 是 $[a,b]$ 上的凸函数且 $f'_+(a)$ 与 $f'_-(b)$ 存在, 则 $f(x)$ 为 $[a,b]$ 上的二级有界变差函数, 即 $f(x) \in \bigvee_2[a,b]$ (见定义 4.3).

证明　对 $[a,b]$ 的任一分划 P:

$$a = x_0 < x_1 < x_2 < \cdots < x_n = b,$$

由命题 9.1 的式 (9.5) 有

$$\frac{f(x_{k+1}) - f(x_k)}{x_{k+1} - x_k} - \frac{f(x_k) - f(x_{k-1})}{x_k - x_{k-1}} \geqslant 0 \quad (k = 1, 2, \cdots, n-1),$$

于是得到

$$\sum_{k=1}^{n-1} \left| \frac{f(x_{k+1}) - f(x_k)}{x_{k+1} - x_k} - \frac{f(x_k) - f(x_{k-1})}{x_k - x_{k-1}} \right|$$

$$= \sum_{k=1}^{n-1} \left(\frac{f(x_{k+1}) - f(x_k)}{x_{k+1} - x_k} - \frac{f(x_k) - f(x_{k-1})}{x_k - x_{k-1}} \right)$$

$$= \frac{f(b) - f(x_{n-1})}{b - x_{n-1}} - \frac{f(x_1) - f(a)}{x_1 - a},$$

再注意对 $x_{n-1} < x' < b$, 由不等式 (9.4) 可得当 $x' \to b$ 时有

$$\frac{f(b) - f(x_{n-1})}{b - x_{n-1}} \leqslant \frac{f(b) - f(x')}{b - x'} \nearrow f'_-(b),$$

又对 $a < x'' < x_1$, 由式 (9.3) 可得当 $x'' \to a$ 时有

$$\frac{f(x_1) - f(a)}{x_1 - a} \geqslant \frac{f(x'') - f(a)}{x'' - a} \searrow f'_+(a),$$

从而即得

$$\bigvee_a^b {}_2(f) = \sup_P \sum_{k=1}^{n-1} \left| \frac{f(x_{k+1}) - f(x_k)}{x_{k+1} - x_k} - \frac{f(x_k) - f(x_{k-1})}{x_k - x_{k-1}} \right|$$

$$\leqslant f'_-(b) - f'_+(a) < \infty.$$

记

$$K[a,b] = \{f(x): \ f(x) \text{为}[a,b]\text{上的凸函数且} f'_+(a) \text{与} f'_-(b) \text{存在}\},$$

又以 $L\{K[a,b]\}$ 表示 $K[a,b]$ 的线性扩张.

类似于定理 4.1 的证明易得

命题 9.13 $L\{K[a,b]\} = \{f(x): f(x) = g(x) - h(x) \ (\forall x \in [a,b]), \ g(x), h(x) \in K[a,b]\}.$

注意到由命题 9.12 即知

$$K[a,b] \subset \bigvee_2[a,b],$$

又容易看出当 $g(x), h(x) \in \bigvee_2[a,b]$ 时有

$$g(x) - h(x) \in \bigvee_2[a,b],$$

因而, 再由命题 9.13 可得

$$L\{K[a,b]\} \subset \bigvee_2[a,b].$$

实际上还有

命题 9.14 $L\{K[a,b]\} = \bigvee_2[a,b].$

注 9.5   关于 $L\{K[a,b]\} \supset \bigvee_2[a,b]$, 以及 $\bigvee_2[a,b]$ 的其他形式刻画的证明, 可以参阅文献 [19] 第 2 章定理 1.2 及其证明 (见 [19]60~67 页). 另外, 有关 $L\{K[a,b]\} \supset \bigvee_2[a,b]$ 的证明最早见于文献 [54].

第10章 微积分的一个几何应用 —— 法向等距线

10.1 平面曲线的法向等距线

法向等距线是机械学界率先使用的一个词汇, 见文献 [55] 第 17 页. "文化大革命" 期间某些数学工作者, 在从事结合机械工程的研究过程中, 很自然地、各自独立地将这一概念数学化, 也就是借助取定的平面曲线的参数方程直接给出该曲线的法向等距线的相应参数方程, 从而使许多实际问题得到圆满的处理或简化, 建立了适合于这类问题的一种有效而普遍的方法, 详见文献 [56] 和 [57] 等.

首先举一个可用以引出法向等距线概念的例子.

例 10.1 求直动圆滚凸轮的型线方程.

这个具体问题就是要设计出一个凸轮的型线, 即求得该凸轮的外形曲线方程, 使得当凸轮转动时可带动直杆圆滚作上下移动, 从而实现设计要求: 令已知半径的圆滚的中心达到预定升程 (即上下移动).

如图 10.1 所示, 在凸轮上固定一个坐标系 xOy, 当凸轮转动时该坐标系也随之在转动, 而凸轮又带动直杆圆滚上下移动. 此时, 圆滚中心相对于坐标系 xOy 则处于转动状态, 其轨迹形成一条曲线. 实际上, 凸轮曲线就是该轨迹以圆滚半径为距离的法向等距线.

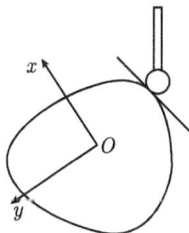

图 10.1

注 10.1 例 10.1 是由南开大学数学系 1973 级部分师生在文献 [58] 中利用数学方法加以讨论的, 而在文献 [57] 中则利用法向等距线进行了更直接的处理 (见文献 [57] 第 2 章 §4 凸轮型线计算 (实例一)), 这也可参考文献 [59] 附录 II 微分几何在机械工程中应用举例的 §1 (见文献 [59] 的 140~142 页) 和文献 [60] 的第 3 章.

注 10.2 其实, 可用来引出法向等距线概念的实际例子, 除例 10.1 外还有很多, 如文献 [56] 中所探讨的平面谐波传动的柔轮共轭齿廓问题, 就要用到法向等距线, 其相关讨论, 有兴趣者可查阅文献 [56] 以及文献 [61] (平面谐波传动是随着空间科学、宇航技术的发展而出现的, 它与建立在刚体力学基础上的传统的齿轮传动不同, 是建立在薄壳弹性变形理论基础上的一种新型传动, 也被认为是机械传动中的一个重大突破).

定义 10.1　给定曲线 (c): $\begin{cases} x = x(t), \\ y = y(t) \end{cases}$ $(a \leqslant t \leqslant b)$ 和 $h > 0$, 且 $x(t)$ 与 $y(t)$ 均可导. 设 P 是曲线 (c) 上的任一点, 如果在 P 点的法线方向的负 (正) 向上取一点 P' 使线段 PP' 的长度等于 h, 当点 P 沿曲线 (c) 移动时所得到的 P' 点的轨迹就叫做曲线 (c) 的法向距离为 h 的内 (外) 等距线, 记作 $C_h^{N(W)}$. 其中法线正向为切线正向按逆时针旋转 $90°$ 的方向, 而切线正向是与曲线按参数 t 增加的方向一致 (图 10.2).

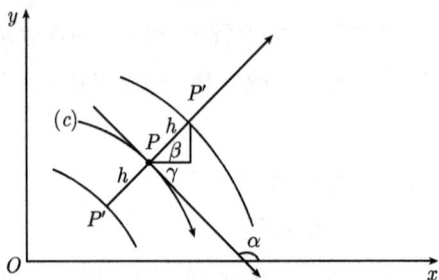

图 10.2

命题 10.1　设曲线 (c) 在 $[a, b]$ 上无奇点, 即对任何 $t \in [a, b]$, 均有 $x'(t)$ 与 $y'(t)$ 不全为零, 则曲线 (c) 的法向距离为 h 的内 (外) 等距线 $C_h^{N(W)}$ 为

$$\begin{cases} x_h^{N(W)}(t) = x(t) \pm h \dfrac{y'(t)}{\sqrt{x'^2(t) + y'^2(t)}}, \\[3mm] y_h^{N(W)}(t) = y(t) \mp h \dfrac{x'(t)}{\sqrt{x'^2(t) + y'^2(t)}}. \end{cases}$$

证明　由图 10.2 可知, 有

$$\begin{cases} x_h^{N(W)}(t) = x(t) \mp h \cos\beta = x(t) \mp h \sin\gamma = x(t) \mp h \sin\alpha, \\ y_h^{N(W)}(t) = y(t) \mp h \sin\beta = y(t) \mp h \cos\gamma = y(t) \pm h \cos\alpha, \end{cases}$$

再注意由 $\tan\alpha = \dfrac{y'(t)}{x'(t)}$ 易知

$$\begin{cases} \cos\alpha = \dfrac{-x'(t)}{\sqrt{x'^2(t) + y'^2(t)}}, \\[3mm] \sin\alpha = \dfrac{-y'(t)}{\sqrt{x'^2(t) + y'^2(t)}}, \end{cases}$$

从而将此代入前式, 便得所欲证的结论.

注 10.3　为了与本书的宗旨一致, 关于命题 10.1 的证明采用了一元函数微积分最基础的办法, 而在其他相关 (包括本书作者的) 书著中均使用矢量形式予以证明.

10.2　法向等距线的一些几何性质

众所周知, 在 "教程" 中通常将平面曲线的切线斜率、弧长、曲率与曲率半径等内容, 作为一元函数微积分的几何应用的一部分, 且常以参数方程形式来表示平面曲线 (c), 即

$$\begin{cases} x = x(t), \\ y = y(t) \end{cases} \quad (a \leqslant t \leqslant b),$$

其中恒假定 $x(t)$ 和 $y(t)$ 为二阶连续可导, 即 $x''(t)$ 和 $y''(t)$ 在 $[a, b]$ 上连续, 并还假定曲线 (c) 无奇点, 即在 $[a, b]$ 上恒有 $x'^2(t) + y'^2(t) \neq 0$.

这时, 对任何 $t \in [a, b]$, 曲线 (c) 有如下公式:

(1) 切线斜率 $= \dfrac{y'(t)}{x'(t)} = T(t)$;

(2) 从 a 到 t 的弧长 $= \displaystyle\int_a^t \sqrt{x'^2(t) + y'^2(t)}\,\mathrm{d}t = S(t)$;

(3) 相对曲率 $= \dfrac{x'(t)y''(t) - x''(t)y'(t)}{(x'^2(t) + y'^2(t))^{\frac{3}{2}}} = K(t)$;

(4) 相对曲率半径 $= \dfrac{(x'^2(t) + y'^2(t))^{\frac{3}{2}}}{x'(t)y''(t) - x''(t)y'(t)} = \dfrac{1}{K(t)} = R(t)$, 其中相对曲率与相对曲率半径是指: 允许取正值或负值的曲率与曲率半径 (有需要的读者, 请查一下 "教程" 中的相关部分).

命题 10.2

$$\begin{cases} x_h^{N(W)\,'}(t) = x'(t)(1 \pm hK(t)), \\ y_h^{N(W)\,'}(t) = y'(t)(1 \pm hK(t)), \end{cases}$$

此处 $K(t)$ 为原曲线 (c) 的相对曲率.

证明　事实上, 由命题 10.1 知

$$x_h^{N(W)\,'}(t) = x'(t) \pm h \frac{y''(t)\sqrt{x'^2(t) + y'^2(t)} - y'(t)\dfrac{x'(t)x''(t) + y'(t)y''(t)}{\sqrt{x'^2(t) + y'^2(t)}}}{x'^2(t) + y'^2(t)}$$

$$= x'(t) \pm h \frac{y''(t)(x'^2(t) + y'^2(t)) - y'(t)(x'(t)x''(t) + y'(t)y''(t))}{(x'^2(t) + y'^2(t))^{\frac{3}{2}}}$$

$$= x'(t) \pm h \frac{x'(t)(x'(t)y''(t) - x''(t)y'(t))}{(x'^2(t) + y'^2(t))^{\frac{3}{2}}} = x'(t)(1 \pm hK(t)),$$

同样也可得到

$$y_h^{N(W)'}(t) = y'(t)(1 \pm hK(t)).$$

注 10.4   由命题 10.2 立得: 当 $1 \pm hK(t) \neq 0$ 时法向等距线 $C_h^{N(W)}$ 与原曲线 (c) 具有相同的切线斜率:

$$\frac{y_h^{N(W)'}(t)}{x_h^{N(W)'}(t)} = \frac{y'(t)(1 \pm hK(t))}{x'(t)(1 \pm hK(t))} = \frac{y'(t)}{x'(t)}.$$

这表明此时法向等距线与原曲线具有公法线, 即互为法向等距线. 至于 $1 \pm hK(t) \neq 0$ 的条件, 在实际问题中通常都是满足的.

命题 10.3   设 $t \in [a, b]$, 若在 $[a, t]$ 上有 $1 \pm hK(s) \geqslant 0$, 则当在 $[a, t]$ 上有 $x'(s) \neq 0$ $(y'(s) \neq 0)$ 时

$$S_h^{N(W)}(t) = S(t) \pm h \left(\arctan \frac{y'(t)}{x'(t)} - \arctan \frac{y'(a)}{x'(a)} \right)$$

$$\left(S_h^{N(W)}(t) = S(t) \mp h \left(\arctan \frac{x'(t)}{y'(t)} - \arctan \frac{x'(a)}{y'(a)} \right) \right),$$

此处 $S(t)$ 为原曲线 (c) 从 a 到 t 的弧长.

证明   由命题 10.2 和 $1 \pm hK(s) \geqslant 0$ $(\forall s \in [a, t])$ 即知

$$S_h^{N(W)}(t) = \int_a^t \sqrt{x_h^{N(W)'^2}(s) + y_h^{N(W)'^2}(s)} \mathrm{d}s$$

$$= \int_a^t \sqrt{x'^2(s)(1 \pm hK(s))^2 + y'^2(s)(1 \pm hK(s))^2} \mathrm{d}s$$

$$= \int_a^t \sqrt{x'^2(s) + y'^2(s)}(1 \pm hK(s)) \mathrm{d}s$$

$$= S(t) \pm h \int_a^t \frac{x'(s)y''(s) - x''(s)y'(s)}{x'^2(s) + y'^2(s)} \mathrm{d}s.$$

于是当 $x'(s) \neq 0$ $(\forall s \in [a, t])$ 时就有

$$S_h^{N(W)}(t) = S(t) \pm h \int_a^t \frac{\dfrac{x'(s)y''(s) - x''(s)y'(s)}{x'^2(s)}}{1 + \dfrac{y'^2(s)}{x'^2(s)}} \mathrm{d}s$$

$$= S(t) \pm h \int_a^t \frac{1}{1 + \left(\dfrac{y'(s)}{x'(s)} \right)^2} \cdot \left(\frac{y'(s)}{x'(s)} \right)' \mathrm{d}s$$

$$= S(t) \pm h \arctan \frac{y'(s)}{x'(s)} \Big|_a^t = S(t) \pm h \left(\arctan \frac{y'(t)}{x'(t)} - \arctan \frac{y'(a)}{x'(a)} \right).$$

同理可得另一表达式.

命题 10.4　若在 $[a, b]$ 上有 $1 \pm hK(t) > 0$ 且 $x(t)$ 与 $y(t)$ 为三阶连续可导, 则

$$K_h^{N(W)}(t) = \frac{K(t)}{1 \pm hK(t)}, \quad \forall t \in [a, b].$$

证明　因为由命题 10.2 就有

$$x_h^{N(W)''}(t) = (x'(t)(1 \pm hK(t)))' = x''(t)(1 \pm hK(t)) \pm hx'(t)K'(t),$$

$$y_h^{N(W)''}(t) = y''(t)(1 \pm hK(t)) \pm hy'(t)K'(t),$$

所以可得

$$\begin{aligned}
K_h^{N(W)}(t) &= \frac{x_h^{N(W)'}(t)y_h^{N(W)''}(t) - x_h^{N(W)''}(t)y_h^{N(W)'}(t)}{(x_h^{N(W)'2}(t) + y_h^{N(W)'2}(t))^{\frac{3}{2}}} \\
&= \frac{x'(t)(1 \pm hK(t))(y''(t)(1 \pm hK(t)) \pm hy'(t)K'(t))}{(x'^2(t)(1 \pm hK(t))^2 + y'^2(t)(1 \pm hK(t))^2)^{\frac{3}{2}}} \\
&\quad + \frac{-y'(t)(1 \pm hK(t))(x''(t)(1 \pm hK(t)) \pm hx'(t)K'(t))}{(x'^2(t)(1 \pm hK(t))^2 + y'^2(t)(1 \pm hK(t))^2)^{\frac{3}{2}}} \\
&= \frac{(x'(t)y''(t) - x''(t)y'(t))(1 \pm hK(t))^2}{(x'^2(t) + y'^2(t))^{\frac{3}{2}}(1 \pm hK(t))^3} = \frac{K(t)}{1 \pm hK(t)}, \quad \forall t \in [a, b].
\end{aligned}$$

命题 10.5　在命题 10.4 的条件下, 有

$$R_h^{N(W)}(t) = R(t) \pm h, \quad \forall t \in [a, b].$$

证明　由命题 10.4 即可得到 $\forall t \in [a, b]$ 有

$$R_h^{N(W)}(t) = \frac{1}{K_h^{N(W)}(t)} = \frac{1 \pm hK(t)}{K(t)} = R(t) \pm h.$$

注 10.5　命题 10.5 恰好从数学上说明了: 在《机械原理》中的 "滚子从动杆的凸轮机构" (它就是例 10.1) 中所论述的关于凸轮型线曲率半径与滚子半径之间关系, 即滚子半径要充分小的合理性 (见文献 [62] §10-9). 另外, 在文献 [62] 的 §10-9 中还阐述了滚子从动杆凸轮机构的优越性, 也提到了等距曲线概念, 并指出除了圆弧与直线外, 一般凸轮轮廓曲线的等距线都不同于原来的曲线而是一种更复杂的曲线, 只不过没有明确说明 "法向" 含义, 以及没有从数学上给出它的求法而已.

注 10.6　在本节的开头, 列出了由 $y = f(x)$ $(a \leqslant x \leqslant b)$ 确定的曲线的弧长计算公式

$$S(b) = \int_a^b \sqrt{1 + f'^2(x)} \mathrm{d}x,$$

其中 $f(x)$ 在 $[a, b]$ 上连续可导. 那么, 此弧长公式与 4.2 节中所给出的曲线弧长定义、曲线可求长判别法 (即定理 4.3) 之间的联系如下:

命题 10.6   设 $f'(x)$ 在 $[a,b]$ 上连续, 则由 $y = f(x)\ (a \leqslant x \leqslant b)$ 确定的曲线 (c) 是可求长的, 且按 4.2 节所给出的定义, 其弧长恰为

$$S(b) = \int_a^b \sqrt{1 + f'^2(x)}\mathrm{d}x.$$

证明   因为 $f'(x)$ 在 $[a,b]$ 上连续, 故存在 $M > 0$ 使得 $|f'(x)| \leqslant M\ (\forall x \in [a,b])$. 对 $[a,b]$ 的任一分划 P:

$$a = x_0 < x_1 < \cdots < x_n = b,$$

由拉格朗日中值定理, 存在 $\xi_k \in (x_{k-1}, x_k)$ 使得

$$|f(x_k) - f(x_{k-1})| = |f'(\xi_k)(x_k - x_{k-1})| \leqslant M(x_k - x_{k-1}) \quad (k = 1, 2, \cdots, n),$$

从而得到

$$\sum_{k=1}^n |f(x_k) - f(x_{k-1})| \leqslant M \sum_{k=1}^n (x_k - x_{k-1}) = M(b - a),$$

这表明 $f(x)$ 为 $[a,b]$ 上的有界变差函数. 再根据定理 4.3 即知曲线 (c) 是可求长的, 并且它在 $[a,b]$ 上的弧长

$$L = \sup_P \sum_{k=1}^n \sqrt{(x_k - x_{k-1})^2 + (f(x_k) - f(x_{k-1}))^2},$$

其中 P 取遍 $[a,b]$ 的一切分划.

今证 $L = \int_a^b \sqrt{1 + f'^2(x)}\mathrm{d}x.$

事实上, $\forall \varepsilon > 0, \exists P_0 \in \mathscr{P}, P_0$:

$$a = x_0' < x_1' < \cdots < x_m' = b,$$

使得 $L \geqslant L_{P_0} > L - \varepsilon$, 此处采用记号

$$\begin{aligned}
L_{P_0} &= \sum_{k=1}^m \sqrt{(x_k' - x_{k-1}')^2 + (f(x_k') - f(x_{k-1}'))^2} \\
&= \sum_{k=1}^m \sqrt{1 + \left(\frac{f(x_k') - x(x_{k-1}')}{x_k' - x_{k-1}'}\right)^2} (x_k' - x_{k-1}') \\
&= \sum_{k=1}^m \sqrt{1 + f'^2(\xi_k')}(x_k' - x_{k-1}'),
\end{aligned}$$

其中 $\xi_k' \in (x_{k-1}', x_k')$ 由拉格朗日中值定理确定 $(k = 1, 2, \cdots, m)$. 由 $f'(x)$ 在 $[a,b]$ 上连续可推出 $\sqrt{1 + f'^2(x)}$ 在 $[a,b]$ 上也连续, 从而在 $[a,b]$ 上可积, 所以只需证存在 $P_n \in \mathscr{P}$ 使得 $\|P_n\| \to 0\ (n \to \infty)$ 且

$$L \geqslant L_{P_n} > L - \varepsilon.$$

这时就有

$$\lim_{n \to \infty} L_{P_n} = \int_a^b \sqrt{1 + f'^2(x)}\mathrm{d}x,$$

再由 ε 的任意性立得 $L = \int_a^b \sqrt{1 + f'^2(x)}\mathrm{d}x$.

对于如此的 $\{P_n\} \subset \mathscr{P}$, 不妨按下列方式选取: 先取 $P_1 \in \mathscr{P}$, 其分点由 P_0 的分点与每个小区间 (x'_{k-1}, x'_k) 的中点 $\dfrac{x'_{k-1} + x'_k}{2}$ $(k = 1, 2, \cdots, m)$ 组成, 显然 $\|P_1\| = \dfrac{1}{2}\|P_0\|$. 注意到平面上三角形两边之和大于第三边立得 $L_{P_1} \geqslant L_{P_0}$, 即有 $L \geqslant L_{P_1} > L - \varepsilon$. 以此类推, 就有 $P_n \in \mathscr{P}$ 使得 $\|P_n\| = \dfrac{1}{2^n}\|P_0\|$ 且

$$L \geqslant L_{P_n} > L - \varepsilon \quad (n = 1, 2, \cdots).$$

于是命题得证.

命题 10.6′　设 $f'(t), g'(t)$ 在 $[a, b]$ 上连续, 则由 $\begin{cases} x = f(t), \\ y = g(t) \end{cases}$ $(a \leqslant t \leqslant b)$ 确定的曲线 (c) 是可求长的, 且

$$S(b) = \int_a^b \sqrt{f'^2(t) + g'^2(t)}\mathrm{d}t.$$

注 10.7　命题 10.6′ 的证明从略, 有兴趣的读者可自行补证. 这里需要提示的是: 该命题的证明, 在仿照命题 10.6 的证明, 利用拉格朗日中值定理时, 会遇到对 $f(t)$ 与 $g(t)$ 要选取不同的 ξ_k 的问题 (注意, 还不能利用柯西中值定理, 取同一的 ξ_k), 怎样处理之, 是证明中出现的困难. 这和从定理 4.3 扩展到定理 4.3′ 的证明不同.

*10.3　平面曲线的向心等距线

定义 10.2　给定平面曲线 (c) $\begin{cases} x = x(t), \\ y = y(t) \end{cases}$ $(a \leqslant t \leqslant b)$ 和它的凹向 (参照定义 9.1) 一侧的定点 (x_0, y_0), 以及向心距离 $h > 0$, 则 (c) 的向心内 (外) 等距线 $C_h^{N(W)}$ 指的是: 在 (c) 上的点 $(x(t), y(t))$ 与 (x_0, y_0) 的连线上, 按凹向之内 (外) 侧截取与 $(x(t), y(t))$ 的距离等于 h 的点 $(x_h^{N(W)}(t), y_h^{N(W)}(t))$ 所连成的曲线.

对于凹向的向心内等距线, 自然要求 h 满足下列条件:

$$h < \min_{t \in [a, b]} \sqrt{(x(t) - x_0)^2 + (y(t) - y_0)^2}.$$

容易看出: 曲线 (c) 所对应的向心内 (外) 等距线 $C_h^{N(W)}$ 的方程为

$$\begin{cases} x_h^{N(W)}(t) = x(t) \mp h \dfrac{x(t) - x_0}{\sqrt{(x(t) - x_0)^2 + (y(t) - y_0)^2}}, \\ y_h^{N(W)}(t) = y(t) \mp h \dfrac{y(t) - y_0}{\sqrt{(x(t) - x_0)^2 + (y(t) - y_0)^2}} \end{cases} \quad (a \leqslant t \leqslant b).$$

注 10.8   关于平面曲线的向心等距线在机械工程中的应用, 如有

(1) 叶片泵定子曲线磨用凸轮的型线模型;

(2) 模具的精密修磨机构;

(3) 有关靠模加工问题.

对此, 读者可参看文献 [63] 和文献 [64] 第 3 章 §3-4.

注 10.9   Lax 在其一元微积分教程 [23] 的序言中有这样一段话: "在微积分里, 学生可以直接体会到数学是确切表达科学思想的语言, 可以直接学到科学是深远地影响数学发展的数学思想的源泉……, 传统的课本经常很像一个车间的工具账, ……, 只交给学生各种工具的用法, 而很少教学生把这些工具一起用于构造某个真正有意义的东西." 本书这一章有关法向等距线以及受到书的 "引论性" 的限制未能展开的向心等距线的讨论, 正是 Lax 想法的一种具体体现. 由于受到书的 "深化性" 的限制, 本章则未能体现文献 [23] 的序言中另一句话: "求数值解答是数学应用中一个很重要的部分, ……." 本书著者在文献 [61] 中对法向等距线的一类问题有数值解答, 有兴趣读者不妨查阅之.

一般而言, 培养数学类本科生的建模能力是每门数学课都应该并且有可能做到的. 在建模中要关注模型的科学性 (指问题所属学科), 模型的合理性 (指各种因素取舍), 模型的可解性 (指数学、计算机及实际中工艺加工等) 和模型的普遍性 (指适用多种问题).

参 考 文 献

[1] 周民强. 实变函数. 2 版. 北京: 北京大学出版社, 1995.

[2] Kelley J L. General Topology. New York: Van Nostrand, 1955.

[3] Lee P Y.Calculus. Singapore. 1993.

[4] 林熙. 从李秉彝的微积分教程看国内工科少学时高数教材的改革. 工科数学, 1994, 10(增刊): 85-88.

[5] Birkhoff G. Lattice Theory: Volume 25. Revised Edition. Providence American Mathematical Society Colloquim Publications, 1951.

[6] 江泽坚. 实变函数. 北京: 高等教育出版社, 1959.

[7] 王慕三, 庄亚栋. 数学分析: 上册. 北京: 高等教育出版社, 1990.

[8] Александров П С. Введениев Общую Теорию Множеств и Функций. Москва: Огиз-Гостехиздат, 1948.

[9] Hardy G H. A Course of Pure Mathematics. 9th ed. Cambridge: Cambridge press, 1946.

[10] 杨宗磐. 数学分析入门. 北京: 科学出版社, 1958.

[11] Натансон И П. Теория Фукции Вещественной Переменной. Москва: Государственное Издательство Технико-Теоретической Литературы, 1950.

[12] Lee P Y,Tang W K,Zhao D S. An equivalent definition of functions of the first Baire class. Proceedings of the American Mathematical Society, 2000, 129: 2273-2275.

[13] 梁进, 李芳, 王惠文. 高等数学起步. 北京: 科学出版社, 2008.

[14] Фихтенгольц Г М. Курс Дифференциального и Интегрального Исчисления. Москва: Государственное Издательцтво Технико-Теорической Литературы, 1949.

[15] Huggins F N. Some interesting properties of the variation function. Amer. Math. Monthly, 1976, 81: 538–546.

[16] Cater F S. When total variation is additive. Proceedings of the American Mathematical Society, 1982, 84: 504–508.

[17] 吴从炘. 关于单调函数的一些性质. 数学通讯, 1956, 2: 1–4.

[18] Tung H Y. On Stietjes integral of order 2. Science Record, 1952, 5(1–4): 29–43.

[19] 吴从炘, 赵林生, 刘铁夫. 有界变差函数及其推广应用. 哈尔滨: 黑龙江科学技术出版社, 1988.

[20] 裴礼文. 数学分析中的典型问题与方法. 北京: 高等教育出版社, 1993.

[21] 吴从炘. 关于微分中值定理的一点思考. 高等数学研究, 2004, 5: 12, 13.

[22] Lax P D, Burstein S, Lax A. Calculus with Applications and Computing: Volume 1. Berlin: Springer, 1976.

[23] 拉克斯, 等. 微积分及其应用与计算 (第 1 卷第 2 册). 北京: 人民教育出版社, 1980.

[24] 林群. 数学也能看图识字. 光明日报, 1997-06-27.

[25] 林群, 吴从炘. 大学文科数学. 保定: 河北大学出版社, 2002.

[26] 吴从炘, 任雪昆. 一元微积分深化引论. 北京: 科学出版社, 2011.

[27] 林群. 写给高中生的微积分—从曲线求来高谈起. 北京: 人民教育出版社, 2010.

[28] Thomson B S. The range of a symmetric derivative. Real Analysis Exchange, 1992, 18: 615–618.

[29] Buczolich Z, Laczkovich M. Concentrated Borel measures. Acta Math. Hungar., 1991, 57: 349–362.

[30] Larson L. The symmetric derivative. Trans. Amer. Math. Soc., 1983, 277: 589–599.

[31] Bruch N, Fishback P E. Orthogonal polynomials and regression–based symmetric derivatives. Real Analysis Exchange, 2007, 32: 597–607.

[32] Kassimatis C. Functions which have generalized Riemann derivatives. Canadian Journal of Mathematics, 1958, 10: 413–420.

[33] 吴从炘. 导数概念的几种推广. 工科数学, 1984, 2: 19–23.

[34] 庄亚栋, 王慕三. 数学分析: 中册. 北京: 高等教育出版社, 1990.

[35] 丁传松, 李秉彝. 广义黎曼积分. 北京: 科学出版社, 1989.

[36] Lee P Y.Lanzhou Lectures on Henstock Integration.Singapore:World Scientific,1989.

[37] Гохман Э Х. Интеграл Стильтьеса и его Приложения. Москва: Государственное Издательство Физико-Математической Литературы, 1938.

[38] 张景中. 定积分的公理化定义方法. 广州大学学报, 2007, 6(6):1-5.

[39] 张景中. 微积分基础的新视角. 中国科学 A 辑: 数学, 2009, 39(3):247-256.

[40] Talvila E. Characterizing integrals of Riemann integrable functions. Real Analysis Exchange, 2008, 33: 487.

[41] 林群. 微积分讲义. 深圳: 深圳大学讲义, 1998-02.

[42] 林群. 画中漫游微积分. 南宁: 广西师范大学出版社,1999-01.

[43] 林群. 新概念微积分. 滨州: 滨州学院讲义,2006.

[44] 林群. 新概念微积分. 大连: 大连理工大学讲义,2007.

[45] 林群. 新概念微积分. 北京: 中央财经大学讲义,2007.

[46] 林群. 微积分快餐. 2 版. 北京: 科学出版社,2011.

[47] 薛小平, 孙立民, 武立中. 应用泛函分析. 2 版. 北京: 电子工业出版社, 2006.

[48] 吴从炘. δ 函数对力学应用的几点注记. 工程数学学报, 1984, 1: 141–145.

[49] Schecher M. Modern Methods in Partial Differential Equations. New York: McGraw–Hill, 1977.

[50] Birnbaum Z W, Orlicz W. Über die verallgemeinerung des Begriffes der zueinander konjugierten Potenzen. Studia Math., 1931, 3: 1–67.

[51] Красносельский М А, Рутицкий Я Б. Выпуклые Функции и Пространства Орлича. Москва: Государственное Издательство Физико-Математической Литературы, 1958.

[52] 吴从炘, 王廷辅. 奥尔里奇空间及其应用. 哈尔滨: 黑龙江科学技术出版社, 1983.

[53] Orlicz W. Über eine gewisse Klasse von Räumen vom Typus B. Bull. Int. Acad. Polon. Sci. Ser. A, 1932: 207–220.

[54] 郭大钧. 关于二级斯梯节积分的一些性质. 四川大学学报, 1955, 1: 21–30.

[55] 李福生, 戴有虎, 韩德本. 非圆齿轮. 北京: 机械工业出版社, 1975.

[56] 吴从炘. 关于平面谐波传动和齿轮传动几个基本问题的数学处理. 应用数学学报, 1976, 1: 69–78.

[57] 复旦大学数学系《曲线与曲面》编写组. 曲线与曲面. 北京: 科学出版社, 1977.

[58] 南开大学数学系 "数专"73(1) 班, "数分" 教学小组. 凸轮曲线和推杆升程曲线. 数学的实践与认识, 1976, 3: 40–44.

[59] 吴从炘, 唐余勇. 微分几何讲义. 北京: 高等教育出版社, 1985.

[60] 苏步青, 华宣积, 忻元龙. 实用微分几何引论. 北京: 科学出版社, 1986.

[61] 吴从炘. 计算平面谐波传动共轭齿廓的数值方法. 应用数学学报, 1979, 2: 51–62.

[62] 黄锡恺. 机械原理. 北京: 高等教育出版社, 1956.

[63] 吴从炘, 唐余勇. 法向等距线与向心等距线的解析性质及其在机械工程中的应用. 哈尔滨工业大学学报, 1985, 数学专辑: 50–52.

[64] 唐余勇. 机械工程中常用的几何模型. 北京: 国防工业出版社, 1989.

[65] Канторович Л В, Крылов В И. Приближенные Методы Высшего Аиализа. Изд. 5-ое. MockBa: Гостехиздат, 1962 (何奕译, 北京: 科学出版社, 1966).

[66] Köthe G, Toeplicz O. Lineare Räume mit unendlichvielen Koordinaten und Ringe unendlicher Matrizen. J. Reine Angew. Math., 1934, 171: 193–226.

[67] 吴从炘. 序列空间之间的无穷矩阵算子的拓扑代数. 科学通报, 1997, 42: 1134–1136.

[68] 吴从炘, 等. 序列空间及其应用. 哈尔滨: 哈尔滨工业大学出版社, 2001.

附录　无穷矩阵与极限次序的交换

A.1　无穷矩阵及其运算

定义 A.1　我们称 $\begin{pmatrix} a_{11} & a_{12} & a_{13} & \cdots \\ a_{21} & a_{22} & a_{23} & \cdots \\ a_{31} & a_{32} & a_{33} & \cdots \\ \vdots & \vdots & \vdots & \end{pmatrix}$ 为无穷矩阵, 简记作 $(a_{ij})_{i,j=1}^{\infty}$, 其中 a_{ij} 为

实数 $(i,j = 1,2,\cdots)$. 本节也用花写的 $\mathcal{A}, \mathcal{B}, \mathcal{C}$ 等来表示无穷矩阵, 以区别于 "高等代数教程" 中常用 A, B, C 等表示 n 阶矩阵.

类似于 "高等代数教程" 中 n 阶矩阵的加法运算和乘法运算的定义, 可以定义无穷矩阵的加法运算与乘法运算如下:

$$
\begin{pmatrix} a_{11} & a_{12} & a_{13} & \cdots \\ a_{21} & a_{22} & a_{23} & \cdots \\ a_{31} & a_{32} & a_{33} & \cdots \\ \vdots & \vdots & \vdots & \end{pmatrix} + \begin{pmatrix} b_{11} & b_{12} & b_{13} & \cdots \\ b_{21} & b_{22} & b_{23} & \cdots \\ b_{31} & b_{32} & b_{33} & \cdots \\ \vdots & \vdots & \vdots & \end{pmatrix}
$$

$$
= \begin{pmatrix} a_{11}+b_{11} & a_{12}+b_{12} & a_{13}+b_{13} & \cdots \\ a_{21}+b_{21} & a_{22}+b_{22} & a_{23}+b_{23} & \cdots \\ a_{31}+b_{31} & a_{32}+b_{32} & a_{33}+b_{33} & \cdots \\ \vdots & \vdots & \vdots & \end{pmatrix},
$$

$$
\begin{pmatrix} a_{11} & a_{12} & \cdots & a_{1n} & \cdots \\ a_{21} & a_{22} & \cdots & a_{2n} & \cdots \\ \vdots & \vdots & & \vdots & \\ a_{n1} & a_{n2} & \cdots & a_{nn} & \cdots \\ \vdots & \vdots & & \vdots & \end{pmatrix} \cdot \begin{pmatrix} b_{11} & b_{12} & \cdots & b_{1n} & \cdots \\ b_{21} & b_{22} & \cdots & b_{2n} & \cdots \\ \vdots & \vdots & & \vdots & \\ b_{n1} & b_{n2} & \cdots & b_{nn} & \cdots \\ \vdots & \vdots & & \vdots & \end{pmatrix}
$$

$$
= \begin{pmatrix} \displaystyle\sum_{k=1}^{\infty} a_{1k}b_{k1} & \displaystyle\sum_{k=1}^{\infty} a_{1k}b_{k2} & \cdots & \displaystyle\sum_{k=1}^{\infty} a_{1k}b_{kn} & \cdots \\ \displaystyle\sum_{k=1}^{\infty} a_{2k}b_{k1} & \displaystyle\sum_{k=1}^{\infty} a_{2k}b_{k2} & \cdots & \displaystyle\sum_{k=1}^{\infty} a_{2k}b_{kn} & \cdots \\ \displaystyle\sum_{k=1}^{\infty} a_{nk}b_{k1} & \displaystyle\sum_{k=1}^{\infty} a_{nk}b_{k2} & \cdots & \displaystyle\sum_{k=1}^{\infty} a_{nk}b_{kn} & \cdots \\ \vdots & \vdots & & \vdots & \end{pmatrix},
$$

简记作

$$
(a_{ij})_{i,j=1}^{\infty} + (b_{ij})_{i,j=1}^{\infty} = (a_{ij}+b_{ij})_{i,j=1}^{\infty},
$$

$$(a_{ij})_{i,j=1}^{\infty} \cdot (b_{ij})_{i,j=1}^{\infty} = \left(\sum_{k=1}^{\infty} a_{ik} b_{kj} \right)_{i,j=1}^{\infty}.$$

注 A.1　应该注意的是并非任意两个无穷矩阵总是可以进行乘法运算的, 它必须要求对任意一对正整数 (i,j), 即 i,j 可在 $1,2,\cdots$ 中任意选取, 均有级数 $\sum\limits_{k=1}^{\infty} a_{ik} b_{kj}$ 收敛, 即 $\sum\limits_{k=1}^{\infty} a_{ik} b_{kj}$ 总是有意义的. 例如, 下列两个无穷矩阵的乘法运算:

$$\begin{pmatrix} 1 & 1 & \cdots & 1 & \cdots \\ 0 & 0 & \cdots & 0 & \cdots \\ 0 & 0 & \cdots & 0 & \cdots \\ \vdots & \vdots & & \vdots & \end{pmatrix} \cdot \begin{pmatrix} 1 & 0 & 0 & \cdots \\ 1 & 0 & 0 & \cdots \\ \vdots & \vdots & \vdots & \\ 1 & 0 & 0 & \cdots \end{pmatrix},$$

即只有第 1 行与第 1 列的元分别为 1, 其余的元全为 0 的两个无穷矩阵的乘积, 就是没有意义的, 因为 $\sum\limits_{k=1}^{\infty} a_{1k} b_{k1} = \sum\limits_{k=1}^{\infty} 1 \cdot 1 = \infty$ 并不存在.

同样, 类似于 n 阶矩阵关于加法运算满足结合律和交换律, 无穷矩阵的加法运算也有结合律和交换律成立:

$$(\mathcal{A} + \mathcal{B}) + \mathcal{C} = \mathcal{A} + (\mathcal{B} + \mathcal{C}),$$

$$\mathcal{A} + \mathcal{B} = \mathcal{B} + \mathcal{A}.$$

另外, 记 $\mathcal{O} = \begin{pmatrix} 0 & 0 & \cdots & 0 & \cdots \\ 0 & 0 & \cdots & 0 & \cdots \\ \vdots & \vdots & & \vdots & \\ 0 & 0 & \cdots & 0 & \cdots \\ \vdots & \vdots & & \vdots & \end{pmatrix}$, 则也有

$$\mathcal{A} + \mathcal{O} = \mathcal{A}.$$

下面考察无穷矩阵乘法运算 (通常可省略乘法运算的记号 "·") 的结合律

$$(\mathcal{A}\mathcal{B})\mathcal{C} = \mathcal{A}(\mathcal{B}\mathcal{C}).$$

在式中所有乘法运算: $\mathcal{A}\mathcal{B}, (\mathcal{A}\mathcal{B})\mathcal{C}, \mathcal{B}\mathcal{C}, \mathcal{A}(\mathcal{B}\mathcal{C})$ 都有意义的前提下, 这时

$$(\mathcal{A}\mathcal{B})\mathcal{C} = \begin{pmatrix} \sum\limits_{k=1}^{\infty} a_{1k} b_{k1} & \cdots & \sum\limits_{k=1}^{\infty} a_{1k} b_{kl} & \cdots \\ \sum\limits_{k=1}^{\infty} a_{2k} b_{k1} & \cdots & \sum\limits_{k=1}^{\infty} a_{2k} b_{kl} & \cdots \\ \vdots & & \vdots & \end{pmatrix} \begin{pmatrix} c_{11} & c_{12} & \cdots \\ c_{21} & c_{22} & \cdots \\ \vdots & \vdots & \\ c_{l1} & c_{l2} & \cdots \\ \vdots & \vdots & \end{pmatrix}$$

$$
= \begin{pmatrix} \sum\limits_{l=1}^{\infty} \left(\sum\limits_{k=1}^{\infty} a_{1k}b_{kl} \right) c_{l1} & \sum\limits_{l=1}^{\infty} \left(\sum\limits_{k=1}^{\infty} a_{1k}b_{kl} \right) c_{l2} & \cdots \\ \sum\limits_{l=1}^{\infty} \left(\sum\limits_{k=1}^{\infty} a_{2k}b_{kl} \right) c_{l1} & \sum\limits_{l=1}^{\infty} \left(\sum\limits_{k=1}^{\infty} a_{2k}b_{kl} \right) c_{l2} & \cdots \\ \vdots & \vdots & \end{pmatrix}
$$

$$
= \begin{pmatrix} \sum\limits_{l=1}^{\infty}\sum\limits_{k=1}^{\infty} a_{1k}b_{kl}c_{l1} & \sum\limits_{l=1}^{\infty}\sum\limits_{k=1}^{\infty} a_{1k}b_{kl}c_{l2} & \cdots \\ \sum\limits_{l=1}^{\infty}\sum\limits_{k=1}^{\infty} a_{2k}b_{kl}c_{l1} & \sum\limits_{l=1}^{\infty}\sum\limits_{k=1}^{\infty} a_{2k}b_{kl}c_{l2} & \cdots \\ \vdots & \vdots & \end{pmatrix}
$$

$$
= \left(\sum\limits_{l=1}^{\infty}\sum\limits_{k=1}^{\infty} a_{ik}b_{kl}c_{lj} \right)_{i,j=1}^{\infty}.
$$

相似地, 易知

$$
\mathcal{A}(\mathcal{BC}) = \left(\sum\limits_{k=1}^{\infty}\sum\limits_{l=1}^{\infty} a_{ik}b_{kl}c_{lj} \right)_{i,j=1}^{\infty}.
$$

因此, 无穷矩阵关于乘法运算满足结合律就等价于: 对一切正整数对 (i,j) 恒有

$$
\sum\limits_{l=1}^{\infty}\sum\limits_{k=1}^{\infty} a_{ik}b_{kl}c_{lj} = \sum\limits_{k=1}^{\infty}\sum\limits_{l=1}^{\infty} a_{ik}b_{kl}c_{lj} \tag{A.1}
$$

成立, 这里自然包括了等式两端都是有意义的前提.

注 A.2　式 (A.1) 的成立表明: 式中两端所包含的两种取极限方式 "$\sum\limits_{l=1}^{\infty}$" 与 "$\sum\limits_{k=1}^{\infty}$" 的次序是可以交换的. 而这样两种极限次序的交换问题在一元函数微积分中讨论得并不多, 这里从完全不同的角度出发, 最后竟然归结到两种极限次序的交换问题, 这也再次印证了 3.3 节末所引的 Hardy 在文献 [9] 中的名言: "决定两个给定的极限运算是否可交换的问题是数学中最重要问题之一".

注 A.3　如同 n 阶矩阵是含有 n 个未知数的线性方程组的系数矩阵, 无穷矩阵也是无限多个未知数的无穷线性方程组的系数矩阵. 而 "无穷线性方程组理论的产生和发展是与它的应用联系着的, 它在常微分方程的积分问题中, 在积分方程理论中, 特别在解数学物理的边值问题中常常用到"(见文献 [65] 第 20 页). 文献 [65] 第 64 页的例 2 和第 69 页的注记 1 中提出并介绍了无穷线性方程组在计算固支板问题的解等弹性理论中的应用.

注 A.4 记

$$\mathcal{I} = \begin{pmatrix} 1 & 0 & \cdots & 0 & \cdots \\ 0 & 1 & \cdots & 0 & \cdots \\ \vdots & \vdots & & \vdots & \\ 0 & 0 & \cdots & 1 & \cdots \\ \vdots & \vdots & & \vdots & \end{pmatrix},$$

即除对角线上全为 1 外其余全为 0 的无穷矩阵, 且对任何无穷矩阵 $\mathcal{A}$ 有

$$\mathcal{I}\mathcal{A} = \mathcal{A}\mathcal{I} = \mathcal{A}.$$

A.2　无穷矩阵与空间 s 到 s 的线性算子

在 "高等代数教程" 中, 我们知道有这样的结论:

每个 n 阶矩阵 $\boldsymbol{A} = \begin{pmatrix} a_{11} & a_{12} & \cdots & a_{1n} \\ a_{21} & a_{22} & \cdots & a_{2n} \\ \vdots & \vdots & & \vdots \\ a_{n1} & a_{n2} & \cdots & a_{nn} \end{pmatrix}$, 其中 a_{ij} 为实数 $(i, j = 1, 2, \cdots,$

$n)$, 都是从 n 维实向量空间

$$\mathbb{R}^n = \{\boldsymbol{x} = (x_1, x_2, \cdots, x_n) : x_k \text{为实数} \ (k = 1, 2, \cdots, n)\}$$

到 $\mathbb{R}^n$ 的线性算子, 这里规定 $\boldsymbol{A}$ 按下列方式:

$$\boldsymbol{Ax} = \begin{pmatrix} a_{11} & a_{12} & \cdots & a_{1n} \\ a_{21} & a_{22} & \cdots & a_{2n} \\ \vdots & \vdots & & \vdots \\ a_{n1} & a_{n2} & \cdots & a_{nn} \end{pmatrix} \begin{pmatrix} x_1 \\ x_2 \\ \vdots \\ x_n \end{pmatrix} = \begin{pmatrix} \sum_{k=1}^{n} a_{1k}x_k \\ \sum_{k=1}^{n} a_{2k}x_k \\ \vdots \\ \sum_{k=1}^{n} a_{nk}x_k \end{pmatrix}$$

成为从 $\mathbb{R}^n$ 到 $\mathbb{R}^n$ 的算子, 其 "线性" 性则定义为

$$\boldsymbol{A}(\boldsymbol{x} + \boldsymbol{y}) = \boldsymbol{Ax} + \boldsymbol{Ay}, \quad \forall \boldsymbol{x}, \boldsymbol{y} \in \mathbb{R}^n,$$

且

$$\boldsymbol{A}(\lambda\boldsymbol{x}) = \lambda(\boldsymbol{Ax}), \quad \forall \boldsymbol{x} \in \mathbb{R}^n \text{ 和任意实数 } \lambda.$$

而 $\mathbb{R}^n$ 中的加法和数量乘法的定义依次为

$$\boldsymbol{x} + \boldsymbol{y} = (x_1 + y_1, \ x_2 + y_2, \cdots, \ x_n + y_n)$$

与

$$\lambda \boldsymbol{x} = (\lambda x_1, \lambda x_2, \cdots, \lambda x_n),$$

当 $\boldsymbol{x} = (x_1, x_2, \cdots, x_n)$, $\boldsymbol{y} = (y_1, y_2, \cdots, y_n) \in \mathbb{R}^n$ 且 λ 为实数时.

显然, $\mathbb{R}^n$ 的最自然的无穷维推广就是全体实数列的空间

$$s = \{\mathcal{X} = (x_1, x_2, \cdots, x_k, \cdots) : x_k \text{为实数 } (k = 1, 2, \cdots)\}.$$

那么, 每个无穷矩阵 $\mathcal{A}$ 按下列方式规定:

$$\mathcal{A}\mathcal{X} = \begin{pmatrix} a_{11} & a_{12} & \cdots & a_{1k} & \cdots \\ a_{21} & a_{22} & \cdots & a_{2k} & \cdots \\ \vdots & \vdots & & \vdots & \\ a_{n1} & a_{n2} & \cdots & a_{nk} & \cdots \\ \vdots & \vdots & & \vdots & \end{pmatrix} \begin{pmatrix} x_1 \\ x_2 \\ \vdots \\ x_k \\ \vdots \end{pmatrix} = \begin{pmatrix} \displaystyle\sum_{k=1}^{\infty} a_{1k} x_k \\ \displaystyle\sum_{k=1}^{\infty} a_{2k} x_k \\ \vdots \\ \displaystyle\sum_{k=1}^{\infty} a_{nk} x_k \\ \vdots \end{pmatrix}$$

是否能够成为从 s 到 s 的算子呢? 很明显, 这个断言并不总是成立的, 譬如说 $\mathcal{A} = \begin{pmatrix} 1 & \dfrac{1}{2} & \cdots & \dfrac{1}{k} & \cdots \\ 0 & 0 & \cdots & 0 & \cdots \\ \vdots & \vdots & & \vdots & \end{pmatrix}$, $\boldsymbol{x} = (1, 2, \cdots, k, \cdots) \in s$, 这时就有 $\mathcal{A}\mathcal{X} = \begin{pmatrix} \displaystyle\sum_{k=1}^{\infty} \dfrac{1}{k} \cdot k \\ 0 \\ 0 \\ \vdots \end{pmatrix} \notin s$.

从这个例子, 容易想到应该有如下的定理:

定理 A.1 无穷矩阵 $\mathcal{A}$ 成为从 s 到 s 的线性算子 (通常记作 $\mathcal{A} \in (s \to s)$) 当且仅当 $\mathcal{A}$ 的所有行都仅含有限多个非零的元, 即 $\mathcal{A}$ 的每一行作为实数列 $(a_{n1}, a_{n2}, \cdots)$ $(n = 1, 2, \cdots)$ 都属于数列空间 ϕ, 这里定义

$$\phi = \{\mathcal{X} = (x_1, x_2, \cdots) \in s : \text{存在自然数} N \text{使当} k > N \text{时有} x_k = 0\}.$$

证明 必要性 若不然, 则有自然数 n_0 使得

$$(a_{n_0 1}, a_{n_0 2}, \cdots) \notin \phi,$$

于是存在自然数列 $N_1 < N_2 < \cdots$ 使得

$$a_{n_0 N_k} \neq 0 \quad (k = 1, 2, \cdots).$$

取 $\mathcal{X} \in s$, 其中

$$
x_l = \begin{cases} \dfrac{1}{a_{n_0 N_k}}, & \text{当 } l = N_k\ (k = 1, 2, \cdots), \\ 0, & \text{在别处,} \end{cases}
$$

从而得到

$$
\sum_{l=1}^{\infty} a_{n_0 l} x_l = \sum_{k=1}^{\infty} a_{n_0 N_k} x_{N_k} = \sum_{k=1}^{\infty} a_{n_0 N_k} \cdot \frac{1}{a_{n_0 N_k}} = \infty,
$$

这表明 $\mathcal{AX} \notin s$, 即与 $\mathcal{A}$ 为从 s 到 s 的算子矛盾.

充分性　因为由假设可知

$$
(a_{n1}, a_{n2}, \cdots) \in \phi, \quad \forall n = 1, 2, \cdots,
$$

所以对任何自然数 n, $\displaystyle\sum_{k=1}^{\infty} a_{nk} x_k$ 当 $\mathcal{X} \in s$ 时都收敛, 由此即得 $\mathcal{AX} \in s$, 亦即 $\mathcal{A}$ 为从 s 到 s 的算子.

至于 $\mathcal{A}$ 的 "线性" 性, 则是容易证明的, 请读者自行处理. 此处的 "线性" 性是指: 对任何 $\mathcal{X}, \mathcal{Y} \in s$ 和实数 λ 有

$$
\mathcal{A}(\mathcal{X} + \mathcal{Y}) = \mathcal{AX} + \mathcal{AY}, \quad \mathcal{A}(\lambda \mathcal{X}) = \lambda(\mathcal{AX}),
$$

又在 s 中定义:

$$
\mathcal{X} + \mathcal{Y} = (x_1 + y_1, x_2 + y_2, \cdots), \quad \lambda \mathcal{X} = (\lambda x_1, \lambda x_2, \cdots).
$$

注 A.5　注意在定理 A.1 中的无穷矩阵集 $(s \to s)$ 包含了在实际应用中很有价值的下三角无穷矩阵:

$$
\begin{pmatrix} a_{11} & 0 & \cdots & 0 & \cdots \\ a_{21} & a_{22} & \cdots & 0 & \cdots \\ \vdots & \vdots & & \vdots & \\ a_{n1} & a_{n2} & \cdots & a_{nn} & \cdots \\ \vdots & \vdots & & \vdots & \end{pmatrix},
$$

即在对角线上方无非零的元.

在 "高等代数教程" 中我们也知道: 所有 n 阶矩阵的集关于加法和乘法运算构成一个环. 集合 R 称为一个环是指: 它带有加法与乘法两个运算并满足条件:

(1) R 关于加法是一个交换群;

(2) 乘法满足结合律;

(3) 分配律成立:

$$
a(b + c) = ab + ac, \quad (b + c)a = ba + ca.
$$

定理 A.2　无穷矩阵集 $(s \to s)$ 关于无穷矩阵的加法和乘法两个运算构成一个环.

证明　先证若 $\mathcal{A}, \mathcal{B} \in (s \to s)$, 则 $\mathcal{AB} \in (s \to s)$. 由定理 A.1 即知只需证: $\forall \mathcal{X} \in s$ 有

$$(\mathcal{AB})\mathcal{X} = \mathcal{A}(\mathcal{B}\mathcal{X}).$$

显然这又只需证: 对 $\mathcal{A}$ 的任何一个行 $\boldsymbol{u}$, 即 $\boldsymbol{u} \in \phi$ 有

$$(\boldsymbol{u}\mathcal{B})\mathcal{X} = \boldsymbol{u}(\mathcal{B}\mathcal{X}).$$

事实上, 不妨设 $\boldsymbol{u} = (u_1, u_2, \cdots, u_n, 0, 0, \cdots)$, 可得

$$(\boldsymbol{u}\mathcal{B})\mathcal{X} = \left((u_1, u_2, \cdots, u_n, 0, 0, \cdots) \begin{pmatrix} b_{11} & b_{12} & \cdots \\ b_{21} & b_{22} & \cdots \\ \vdots & \vdots & \end{pmatrix} \right) \begin{pmatrix} x_1 \\ x_2 \\ \vdots \end{pmatrix}$$

$$= \left(\sum_{k=1}^{n} u_k b_{k1}, \sum_{k=1}^{n} u_k b_{k2}, \cdots \right) \begin{pmatrix} x_1 \\ x_2 \\ \vdots \end{pmatrix}$$

$$= \sum_{l=1}^{\infty} \left(\sum_{k=1}^{n} u_k b_{kl} \right) x_l = \sum_{k=1}^{n} u_k \left(\sum_{l=1}^{\infty} b_{kl} x_l \right) = \boldsymbol{u}(\mathcal{B}\boldsymbol{x}).$$

因此, $\forall \mathcal{A}, \mathcal{B}, \mathcal{C} \in (s \to s)$, 由 $\mathcal{C}$ 的列属于 s 自然成立, 及 $\forall \boldsymbol{x} \in s$ 有

$$(\mathcal{AB})\mathcal{X} = \mathcal{A}(\mathcal{B}\mathcal{X})$$

便知 $(\mathcal{AB})\mathcal{C} = \mathcal{A}(\mathcal{BC})$, 即乘法的结合律成立, 至于环的其他要求都容易证得 (可以当作习题, 藉以加强对无穷矩阵的认识).

*A.3　无穷矩阵环的 Köthe 理论简介

定义 A.2　设 λ 为数列空间 (即 s 的一个线性子空间), 则 λ 的 Köthe 对偶, 也称为 α 对偶是指:

$$\lambda^* = \left\{ \mathcal{U} = (u_n)_{n=1}^{\infty} \in s : \sum_{n=1}^{\infty} |u_n x_n| < \infty, \ \forall \mathcal{X} = (x_n)_{n=1}^{\infty} \in \lambda \right\}.$$

容易看出下面命题成立.

命题 A.1　$\lambda^{**} \supset \lambda$ 且 $\lambda^* \supset \phi$.

定义 A.3　若 $\lambda^{**} = \lambda$, 则称 λ 是完全的 (perfect).

定理 A.3　若 λ 为完全数列空间, 则 $(\lambda \to \lambda)$ 关于加法和乘法构成一个环.

定义 A.4 称 λ 为实心的 (solid), 指的是: 从 $\mathcal{X} = (x_n)_{n=1}^{\infty} \in \lambda$ 可推出 $\mathcal{Y} = (y_n)_{n=1}^{\infty} \in \lambda$, 只要

$$|y_n| \leqslant |x_n| \quad (n = 1, 2, \cdots).$$

也容易看出如下命题成立:

命题 A.2 若 λ 为完全空间, 则 $\lambda \supset \phi$ 且为实心的.

注 A.6 定理 A.3 可以推广到 λ 为实心且 $\supset \phi$ 的情形.

定义 A.5 设 λ, μ 均为数列空间, 用 $(\lambda \to \mu)$ 表示从 λ 到 μ 的一切无穷矩阵算子的集合.

定理 A.4 若 λ 完全, $\mu \supset \phi$ 且为实心的, 则 $(\lambda \to \mu)$ 关于加法和乘法构成一个环的充要条件是

$$\lambda \supset \mu.$$

注 A.7 定理 A.3 是定理 A.4 当 $\mu = \lambda$ 时的特例.

注 A.8 关于无穷矩阵环的 Köthe 理论, 最早见于文献 [66]. 关于 $(\lambda \to \mu)$ 的讨论也可在文献 [67] 中找到. 对于这方面的相关问题及某些应用感兴趣的读者, 不妨查看文献 [68] (如定理 A.4 就是文献 [68] 中的定理 3.1.6).

还应该指出的是 Köthe 所引进的完全数列空间, 也称为 Köthe 序列空间, 它对现已成为许多学科有效工具的局部凸空间理论的产生、形成与发展具有不可低估的作用.